仰望星空丛书

哈勃望远镜探索之旅

[丹麦]拉尔斯·林伯格·克里斯滕森 [英]鲍博·福斯博里 著

张师良 编译

上海科学技术文献出版社

草帽星系

草帽星系（Sombrero Galaxy）是宇宙中最宏伟和最值得拍摄的星系之一。尘带（dust lanes）围绕着白色的球根状核心，编织起星系的螺旋结构，耀眼的结构成为这星系的标志。

目　录

前　言

星云NGC346

星云NGC346中的恒星在气体云的引力收缩下渐渐形成。哈勃清晰敏锐的视力能够把埋藏在星云中的初生恒星族群也找出来。

毫无疑问，哈勃太空望远镜比以往任何一项太空任务给公众所带来的影响更大，此影响乃前所未有。在这精美的卷册中，震撼的图片除了为我们揭示出宇宙家园的模样外，这些图片亦早已经融入我们的日常生活中，成为科学和文化遗产的一部分。

除了生活上，哈勃在科学上的影响又如何？如果比照任务最初期策划及落实时的乐观估计，要说这任务的成果匪夷所思、远远超出当时的期望，毫不夸张。当我在1977年加入这项任务时，我曾为未来哈勃进入轨道运作后将会执行的天文任务予以描述。没想到，当我真正收到数据时，发觉照片的质量和当中所展示的科学全在我想像之外。它让我首次看到接近光速的喷流照亮着活跃星系（active galaxies），在其他望远镜所探索的领域上也有着同样意想不到的重要发现。这些照片，不单美丽，当中还包含着众多天文学家从未想像过的惊人的科学新发现。例如在猎户座大星云中，光亮的星云背景前发现孕育星星的原恒星盘（protostellar discs）；使用多个不同波段，发现宇宙边际的产星星系（star forming galaxies）；借着对遥远超新星的观测，测量宇宙的加速度——这是近代一项无可置疑的重要实验，以及拍摄不可思议的哈勃深空区（Hubble Deep Field）和超深空区（Ultra Deep Field）照片，把宇宙形成初期的年轻星系、大规模结构展露无遗。这仅是哈勃任务所汇集的丰富科学知识中的一小部分而已，每一幅照片的背后，都诉说着一个伟大的故事，而且，这些故事现在已经被构建到宇宙不断演化的写照中。

在这些壮丽的成功背后，我们又得到了什么启示？我们在宇宙间寻找新知识的路上，往往需要借助新技术的帮忙，才能够把观测能力提升十倍或以上。以哈勃太空望远镜为例，它在分辨率、锐利度和灵敏度上，凭着仪器在太空环境下的卓越稳定性，让望远镜有着史无前例的威力去开拓新的天体物理。这些成果正是给予为它尽心的无数科学家、天文学家、工程师、管理人员及领导人员的最好礼物，同样也是美国国家航空航天局和欧洲航天局有着慧眼远见的最好证明。祝愿哈勃这启发着大众憧憬和想像力的精神能够永远保持下去，以推动我们不断加深对于宇宙的认识。

马尔科姆·朗盖尔（Malcolm Longair）

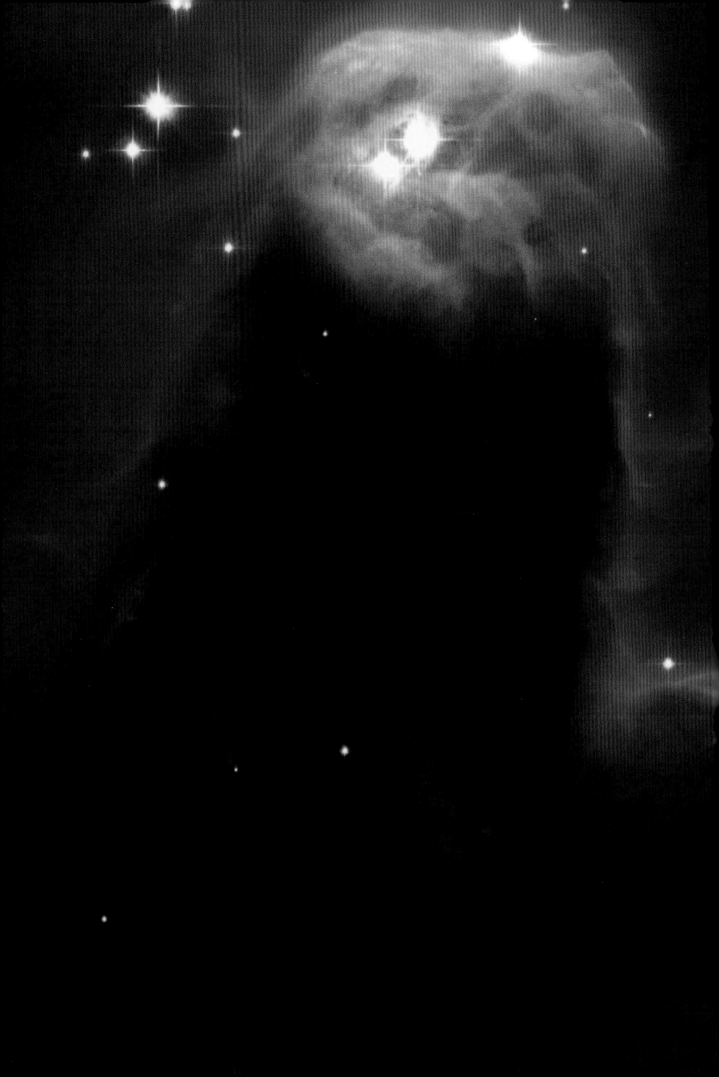

序

锥状星云（Cone Nebula）

年轻炙热的恒星（位于图顶端以外）所放出的辐射，在百万年间慢慢地侵蚀着星云。紫外线在暗云的外围加热，释出气体到周边相对空旷的空间。

人类社会在生活和文明上能够得以长久发展，是依赖着科学研究和科技的发展，把科学家们的新发现和他们日常所做的工作传播给公众，是科学过程的重要一环。只可惜，要在现今众多传播媒体中脱颖而出，竞争相当激烈。

本书深入地解读了世界上最成功的科学计划——哈勃太空望远镜，它于1990年4月24日发射升空，至今30周年，正好是一个难得的机会去引起公众对这个伟大计划的关注。我们特别希望哈勃太空望远镜穿越时空的故事能够打动年轻的一代，引起他们的热忱，让这班未来的主人翁接棒，驱动科学的前进。

我们在此感谢Stefania Varano, Stuart Clark和Anne Rhodes编写影片的原稿，当中的内容是成书的基石。若非特别注明，书中照片均由美国国家航空航天局及欧洲航天局的哈勃太空望远镜所摄，这些照片全是美国国家航空航天局、欧洲航天局及各相关科学家的辛劳成果。

拉尔斯·林伯格·克里斯滕森（Lars Lindberg Christensen）及

鲍博·福斯博里（Bob Fosbury）

中文版序言

哈勃太空望远镜于1990年由太空航天飞机发射升空，毫无疑问，它是有史以来最具知名度的天文望远镜。经由它传送的大量照片及光谱，为科学家解释了很多宇宙疑团。虽然哈勃太空望远镜有个不幸的开始，它的2.4米主镜被磨成完美但错误的形状，但由于它在太空低轨道运行，航天飞机及宇航员可到达进行维修。

在这本图册中，读者可以看到一些由哈勃望远镜所拍摄的最精美照片。哈勃太空望远镜的高分辨率，令我们可以看到前所未见的细节。很多哈勃照片在民间广泛流传，在2000年，美国邮政局出版了一套20张的哈勃天文照片首日封，可见这个天文望远镜在公众中的受欢迎程度。

在这十多年来，我很幸运有机会使用这先进仪器作天文研究，并使用它发现及拍摄到美丽的行星状星云和前行星状星云的照片。以我作为美国国家航空航天局哈勃观察计划评审委员会成员的经验，我知道哈勃望远镜的观察时间是多么珍贵，每年从世界各国送来的观察计划书，评审委员会只能批准其中十分之一。作为一个使用者，我和其他天文学家都尽最大努力使用望远镜的每一秒，使我们数小时或数十小时的观察时间能得到充分利用。

通过这本图册，我希望读者们能欣赏宇宙的壮观，继而明白人类的渺小。我们之间的一切争斗，在银河宇宙的角度来看，都是无关紧要的。如果哈勃望远镜能通过它的照片促进人类的了解及合作，那就是它最大的成就。

郭　新

编译者的话

本书是欧洲航天局为纪念哈勃太空望远镜升空15周年的大规模纪庆活动之一。首先要感谢欧洲航天局的拉尔斯先生让我和"可观自然教育中心暨天文馆"可以参与"哈勃15年"的盛事,并把哈勃多年来的精彩发现带进华人社会。这也是啬色园主办的可观自然教育中心暨天文馆首次参与公开出版的书籍,希望借着此书的发行,普罗大众能够与世界一起分享最新的天文成果。

但毕竟中文版本和英文原版面世相隔两年之久,哈勃又"长大"了。短短两年,哈勃的重要发现改变了人类的宇宙观,如在广为人知的冥王星事件上,哈勃在度量阅神星的大小时起了关键作用;困扰天文学家多年的暗物质问题又因哈勃的观测证据证实了它的存在甚至揭示了其特性。哈勃因为日久失修加上前途未卜,日子一点也不好过。这两年间,最重要的照相机ACS失灵,丧失了一只重要的眼睛,但幸好,美国国家航空航天局终于决定重派宇航员于2008年到哈勃进行最后一次维修任务,使哈勃能够继续以最佳状态运作至韦伯太空望远镜升空。正因这两年的改变,中文版扩充了英文版的内容,由原来的124页扩充至171页。

太空探索已踏入第50个年头,人类无疑已进入太空时代,对宇宙的认识和视野是必须的。然而天文的发展仍然因为国界、语言和文字上的分野形成了障碍,华语和英语社区在天文知识传播的量和更新速度上有相当距离,这是一大遗憾。哈勃是一项国际参与的科学任务,使用它的科学家来自世界各地,因此,哈勃的成就是所有地球人的骄傲。天文发展在经历了哈勃这重要的17年后不会停下来,而更会一日千里地发展,要承接着将来的第18年、19以至更往后的日子,掌握天文的未来发展,突破地域和语言的界限是必要的。本书只是一个开始,在前面仍有汪洋的天文世界有待阁下跟全人类一起发掘。

在此想感谢香港大学理学院院长郭新教授为本书题写中文版序言;中国科学院云南天文台陈培生教授对本书的建议;周显恩先生、许浩强先生在早期翻译上的帮忙,并感谢李咏杰先生和一众可观中心同事的校对和建议以及出版社的鼎力帮助,让此书可以面世。

张师良

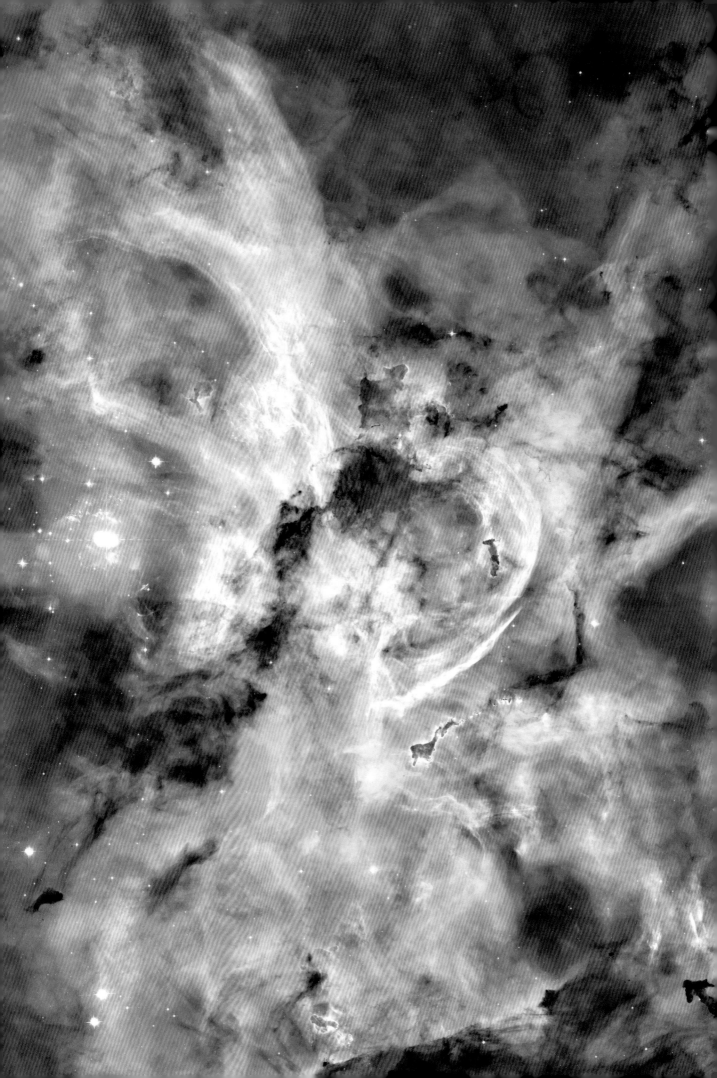

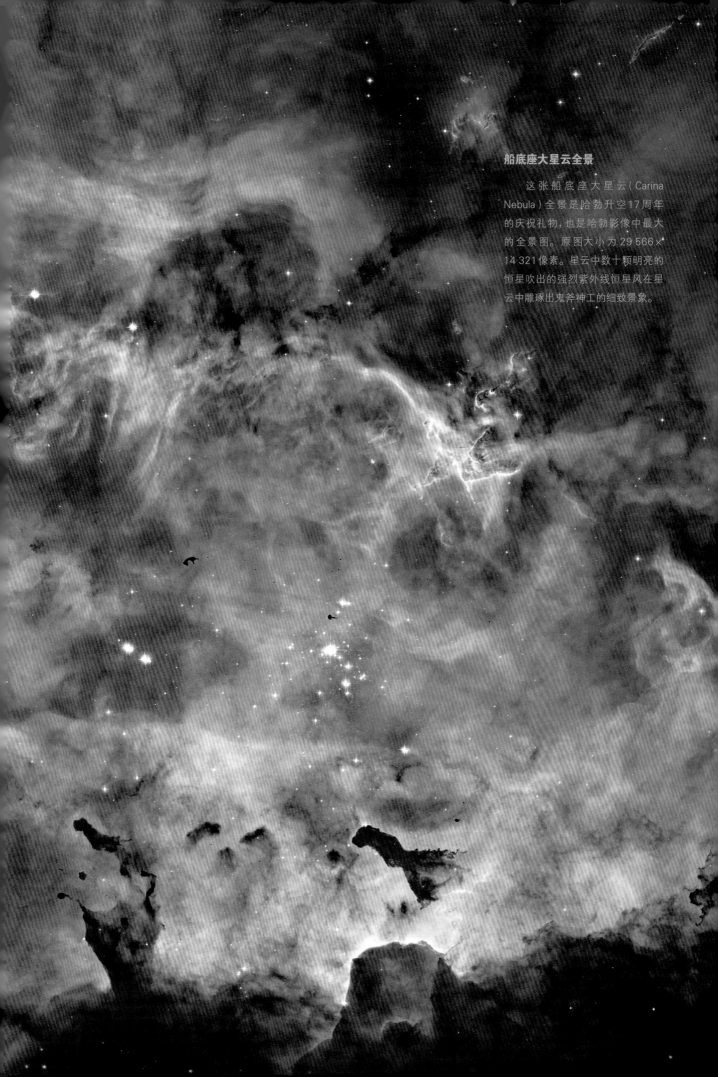

船底座大星云全景

这张船底座大星云（Carina Nebula）全景是哈勃升空17周年的庆祝礼物，也是哈勃影像中最大的全景图。原图大小为29 566×14 321像素。星云中数十颗明亮的恒星吹出的强烈紫外线恒星风在星云中雕琢出鬼斧神工的细致景象。

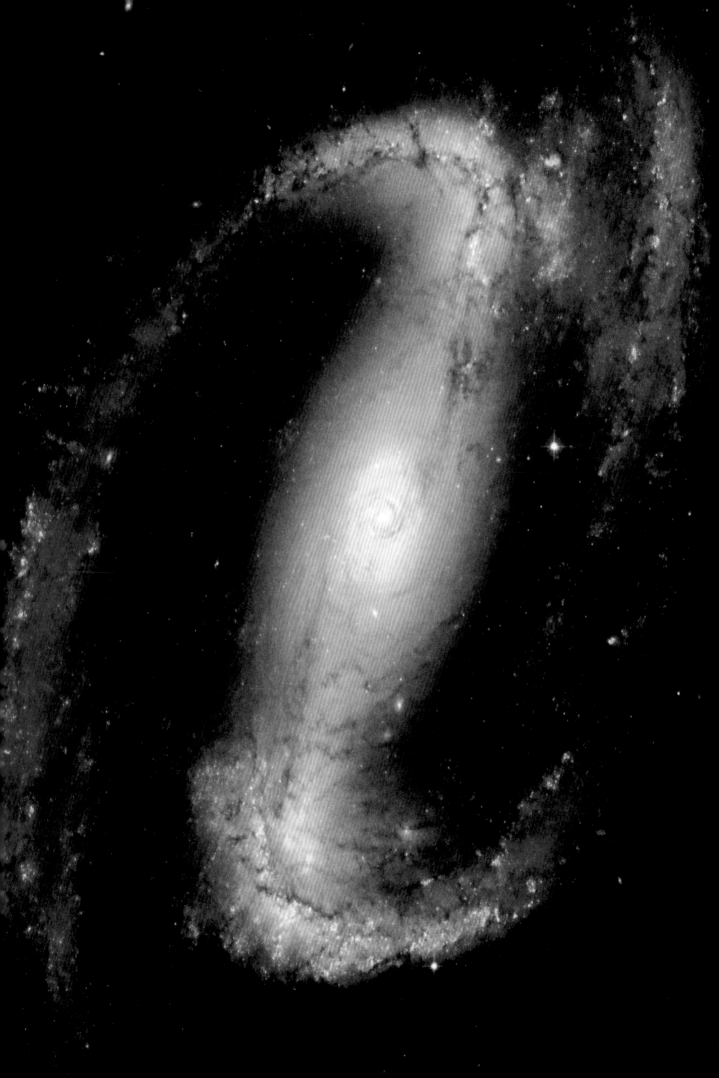

引 言

哈勃在多项不同领域的天文范畴上有着史无前例的成功，究竟哈勃跟其他著名的望远镜有什么不同呢？

哈勃在离地面600千米的高空上运行，远高于影响成像的地球大气层。它的系统设计能够升级，以配搭最新的仪器及软件。哈勃太空望远镜是为了拍摄非常高分辨率的照片和摄取准确的光谱而设计，它在太空的优势是能够摆脱在大气中闪烁不定的星光，突破地面拍摄的清晰度限制，更集中地聚集光线从而得到更清晰的成像。因此，尽管哈勃的口径不算大，只有2.4米，但却能超越其他镜面集光面积大10倍甚至20倍的地基望远镜（ground-based telescopes）。

与地基天文望远镜相比，哈勃除了能够拍摄更清晰的广角照片外，它还有另一个得天独厚之处，就是可以观测到因为被大气层滤去和遮蔽着而不能到达地面的近红外线和紫外线。

在天文研究的众多领域中，哈勃把我们知识的极限推向一个新高峰，这是在哈勃发射升空前远远不可能达到的。

第一章　哈勃的故事

　　哈勃最终实现了天文学家的梦想，能够脱离地球的大气层去进行观测，避开了大气令影像失真的影响，但要完成一台能在太空运作的观测站并非易事，它花了人们数十年时间筹划和建造，是一项在规模和成本上都大得需要靠国际合作、无数尽心的工程师和科学家去完成的计划。望远镜能够升级和让宇航员定期维修的概念，令它的能力和科学发现远超过设计者的期望。

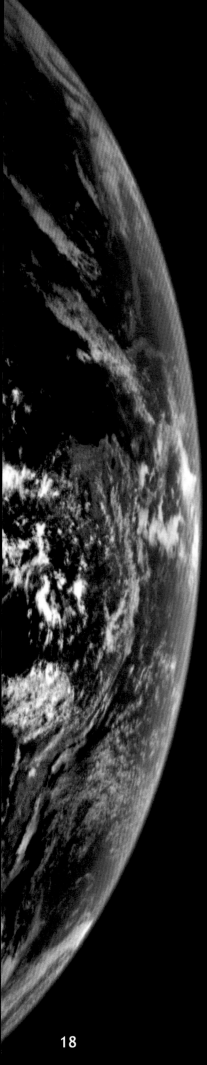

"天文学家多年来期盼一个太空天文台。"

　　哈勃大大地清晰了我们观测星空的视野,扩展了我们对宇宙的认知,甚至带领我们穿透至从未到过的宇宙深处、遥远时空的边际。

　　仰望星空,我们会看到熟悉的闪烁星光,这些光经过了长途跋涉的旅程才到达地球,但请不要误会,恒星本身是不会闪烁颤动的。宇宙极其透明,从遥远的恒星和星系所发出的光在穿越太空时,历经上千、上百万甚至上亿万年都不会改变,但偏偏就在光线到达我们眼睛之前的最后几微秒,准确的恒星和星系影像被夺走,同时制造出星光闪烁的现象。当这些光穿越大气层时,那层不断变化着的空气、水蒸气以及尘埃会使到达我们眼前的影像变得模糊。

　　为了解决这一问题,天文学家多年来期盼一个太空天文台。早在1923年,德国著名火箭专家赫尔曼・奥伯特(Hermann Oberth)就建议在太空中设置望远镜。可惜,要实现这个梦想,当时的科技还是力所难及。直至1946年,美国天文学家莱曼・史匹哲(Lyman Spitzer)才提出了一个较为实际可行的太空望远镜计划。

　　望远镜若置于大气层之上的太空中,就能够接收到恒星、星系及其他天体最原始的光,避免了因空气的影响而使影像失真。因此,哈勃得到的影像比地面上最大的望远镜所能得到的还要清晰得多。从此,影像的清晰度再不受地理位置影响,而只受制于观测器材的光学性能。

　　20世纪70年代,美国国家航空航天局(NASA)和欧洲航天局(ESA)开始合作设计及制造哈勃太空望远镜(Hubble Space Telescope, HST)。望远镜的名字是为纪念现代宇宙学的奠基者爱德温・哈勃(Edwin Powell Hubble)而命名。他在20世纪20年代首次证明天空中我们所见的一切并非全部位于银河系之内,反之,宇宙远大于银河系——超越我们所见。哈勃的研究成果彻底改变了人类对自身在宇宙中的位置的认知,所以用他的名字来命名这台最伟大的望远镜,是最适合不过的。

　　来自多国的科学家、工程师、承建商经过二十余年的通力合作,最终建成了哈勃太空望远镜。1990年4月24日,五名宇航员登上负载着哈勃太空望远镜的航天飞机发现号(Discovery),开展了一次改变人类在宇宙视野的旅程！他们把万众期待的太空望远镜,安放在设置于距离地面大约600千米的轨道上。

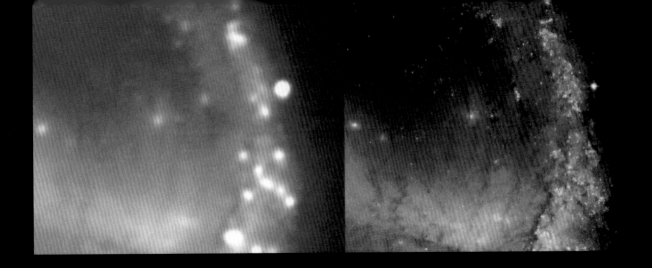

位于大气之上

　　上图左方是由一台口径跟哈勃差不多的地基望远镜所拍摄的棒旋星系NGC 1300影像。右方则是由位于太空中的哈勃拍下同一位置的照片。一项名为"自适应光学"的技术能够帮助地面所拍摄的影像变得清晰,用于口径远大于哈勃的望远镜效果尤佳(请参阅下文)。

为何哈勃要置于太空?

　　地球的大气层能够吸收并且释放光线。可见光光谱蓝端以外的紫外线,在臭氧的存在下只有少量能够到达地面;至于在光谱红端以外,来自宇宙的近红外线,会被大气中大量的水蒸气和氧分子吸收,同时大气中的氢氧自由基(OH radical,一种由氢和氧原子组成的不稳定分子)也制造出强烈的红外线辐射,照亮了近红外线的天空,因此在地面上既看不清来自宇宙的近红外线,又被地球大气产生的近红外线污染,仅剩下可见光谱段没有受到影响。位于大气之外的哈勃就可以不受干扰地收集紫外线至近红外线的谱段

哈勃与自适应光学

　　自适应光学(adaptive optics)的技术是通过调整望远镜镜片的位置以抵消大气变化所导致的影像失真,这能帮助大型的地基望远镜获取更清晰的影像,提高影像的分辨率。世界天文学家正努力不懈地不断发展和改进这项技术。善用地面大口径望远镜的集光力,配以自适应光学技术,观测的成果就能与哈勃相媲美。对摄谱仪(spectrograph)一类对光线高度渴求的仪器来说,效果非常好。但这项技术只能在天空中的一小片范围中维持高分辨率,比起哈勃所使用的可见光波段,自适应光学暂时只在红外线波段上发挥较佳的效用,而哈勃无论在紫外线、可见光或是近红外线波段上,仍然保持无与伦比的地位,影像依旧锐利精致

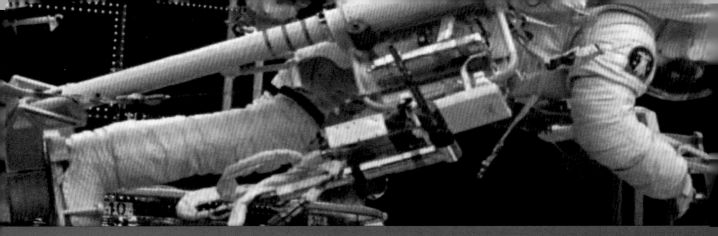

在地球上，天文学家们正焦急地等待着哈勃的首次观测结果，但经过大量的技术验证及测试，发现哈勃的视力有明显问题，影像毫不清晰，而这是因为镜片上有一个严重的缺陷——反射镜的边缘磨得太平。这镜面外形的缺陷使哈勃无法拍摄到清晰的照片，虽然误差只有人类头发直径的五十分之一，但为了达到预期目标，哈勃在所有细节上都必须完美。哈勃患有"近视眼"的事实让人难以理解，不仅是天文学家，就连美国和欧洲的纳税人也感到十分失望，不能接受。

不过，在接下来的两年里，来自NASA和ESA的科学家、工程师合力设计制作出了一套光学修正系统，名为COSTAR，名称全写为"矫正光学太空望远镜中轴替换"（Corrective Optics Space Telescope Axial Replacement）。对于另一台原定计划安装以替换WFPC1照相机的WFPC2，工程师们也作了完美的修正。现在，哈勃的专家们要面对另一个艰难的决定：他们该牺牲哪一台科学仪器，以装上COSTAR？最后，他们选择了高速光度计（High Speed Photometer）。

1993年哈勃的首次维修任务，成为人类航天史上的一次重要创举，它紧紧抓住了天文学家与大众的注意力，任务所受到的热切关注程度在以往太空航天飞机的任务中未有先例。经过极细心的策划和极出色的执行，这次任务最终获得了圆满成功。COSTAR及新的第二代广角行星照相机（Wide Field and Planetary Camera 2, WFPC2）校正了哈勃的视力，效果比任何人所预期的还要完美。

当第一组维修后的影像出现在电脑荧光幕上时，我们知道，宇航员为哈勃带上的"眼镜"已完全地矫正了它的视力。哈勃终于开始了它正式的工作！

哈勃的镜片问题

问题源自2.4米的主镜，在制造过程中的测试阶段，光学系统被错误装配，形成了"球面像差"（spherical aberration）的光学缺憾。值得庆幸的是，整套测试系统在实验室中一直保持着原貌，工程师能够利用它来追寻和重构出错误并了解其特性，最终得出了精准的资料。这正是维修任务的成功及哈勃的光学表现能够恢复完美的关键。

"哈勃终于开始正式工作！"

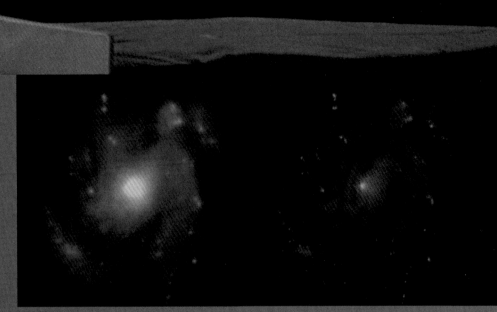

M100 中心

这是华丽的旋涡星系的中央部分在哈勃维修前后的影像。左方：使用 WFPC1 照相机在广角模式所拍摄的照片，在 STS-61 维修任务前数天，1993 年 11 月 27 日拍摄。HST 的 2.4 米主镜的光学像差令星光变得朦胧，抹掉了影像的所有细节，亦限制了望远镜观测细微结构的能力。右方：相同的位置使用 WFPC2 的高分辨频道拍摄。WFPC2 拥有改进的光学设计，以矫正哈勃先前模糊的视力。望远镜第一次能够清楚分辨影像的细微结构，在直径数以千万光年计的星系中，可见细小至 30 光年的结构。这张照片摄于 1993 年 12 月 31 日。

　　不过那只是航天飞机对哈勃的首次造访。望远镜设计时的设想是它可以升级，以便能享用新技术及新软件带来的好处。当研究出更先进的仪器、电子元件或机械零件时，宇航员便能够把它们安装到望远镜上。同时，正如你的汽车需要保养一样，哈勃也需要不时地调整。工程师和科学家们会定期派遣航天飞机到哈勃，让宇航员为它升级。宇航员于维修时所使用的扳手、螺丝批及其他电工工具，跟机械师修理你的汽车时所用的无异。

　　哈勃至今共完成了四次维修任务，分别在 1993、1997、1999 和 2002 年由美国国家航空航天局的航天飞机搭载宇航员前往执行。原定在 2005 年进行的第 5 次维修，不幸因为航天飞机"哥伦比亚号"解体的灾难而被取消。

　　自 2002 年维修任务后，哈勃因为年久失修，科学观测和维生仪器均出现老化甚至失灵。如哈勃的主要照相机 ACS 在 2006、2007 年先后两次因故障进入安全模式，至今仍未修复。新任美国国家航空航天局局长米高·葛里芬（Michael Griffin）上任后推翻前任署长的决定，宣布在 2009 年，派遣宇航员为哈勃进行第 5 次维修任务，安装新的先进仪器、更换老化的部件并修复损坏的器材。

　　哈勃前途未卜，原计划哈勃能够运作的年限是 15 年，现在，哈勃已升空近 30 年。至今，哈勃仍不断地有惊人发现，令天文学家了解到一些从未知道的事情。

精密导星传感器

宇航员格里高利·哈巴（Gregory J. Harbaugh）在第2次维修任务中，在机械臂上移动一枚精密导星传感器（Fine Guidance Sensor, FGS）。

"就正如汽车需要保养一样，哈勃也需要不时调整。"

太空的电工工具

右图为在第三次维修任务中，欧洲航天局的任务专家、宇航员克劳德·尼克列（Claude Nicollier），于三次舱外活动（extravehicular activities, EVA）太空漫步中的第二次，正使用着哈勃的电工工具在数据存储柜上工作。

天下无不散之筵席，哈勃太空望远镜的生命总有一天要结束，望远镜会被安全引导到海洋中长眠。望远镜本身太笨重，即使重返大气层也无法完全把它烧毁，加上若没有受控地冲入大气层，会对地球上大面积范围的居民带来威胁。现在的方案是使用一艘无人驾驶的探测器飞往轨道与哈勃对接，当它离开哈勃时，会留下一套火箭推进组件，好让它可以在若干年后使用。再经过数年收获丰盛的观测，地面上的工程师最终会启动火箭，操控哈勃重返大气层，完成它的历史使命。

然而，哈勃太空望远镜的退役，并不意味着我们对苍穹的观察就此结束。相反，这是一个新的开始，标志着一个新纪元的来临，我们将有更多神奇的发现以及精彩的太空图像。一切皆因哈勃有了继承者。

正在研制中的简称为韦伯太空望远镜的詹姆士·韦伯太空望远镜（James Webb Space Telescope, JWST），预计于2021年发射。那天到来的时候，科学家会使用韦伯太空望远镜进一步探索和了解我们这个迷人的宇宙。

韦伯太空望远镜

　　画家笔下的韦伯太空望远镜设想图。在巨型的太阳屏障遮光下，仪器可以长期保持极低温状态，可以进行极灵敏的红外线观测，探索宇宙最遥远的世界。

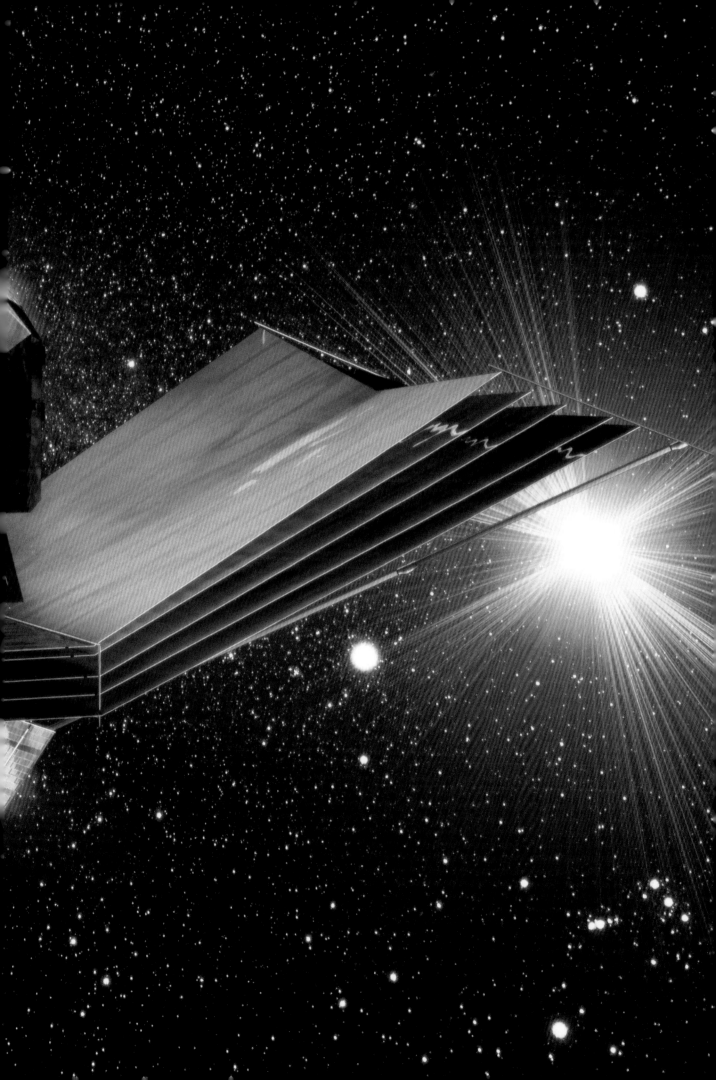

第二章 近瞻哈勃

哈勃是一个大型的人造卫星，置于地面上600千米的轨道中，大小有如一辆旅游巴士。除了口径2.4米的主镜外，还载有6台科学仪器，通过宇航员可定期替换更现代、功能更佳的仪器，而且，哈勃拥有十分精密并且运作非常良好的指向及稳定的系统。天文学家除了单独使用哈勃外，还会使用其他人造卫星及地基望远镜跟哈勃紧密合作协调，这些协作观测令我们对宇宙的理解前进了一大步。

"哈勃是一台被设计成可以升级的、位于太空的望远镜……"

哈勃的轨道

哈勃在离地面600千米的轨道上，每96分钟环绕地球运行一周。哈勃在轨道上不断改变着位置，因此观测时间表的安排也相当复杂。

哈勃是一台被设计成可以升级的、位于太空的望远镜，以配合新技术和实际需要，它在离地面600千米的轨道上，远高于令影像失真的大气层，每96分钟环绕地球运行一周。

它是为了拍摄非常高分辨率的照片和摄取准确的光谱而设计的，它在太空的优势在于能够摆脱在大气中闪烁不定的星光，突破地面拍摄的清晰度限制，更集中地聚集光线，从而得到更清晰的成像。

为了尽量收集来自暗淡天体的光线，任何一台望远镜都需要尽可能大的镜面来聚光。尽管哈勃的口径不算大，只有2.4米，但威力足以超越其他镜面聚光面积大10倍甚至20倍的地基望远镜。

哈勃是一台大型的人造卫星，长约16米，大小有如一辆旅游巴士。它同时是史上最复杂的机器之一，它有三千多个感应器，不断监测硬件的状况，使地面上的技术人员能对一切都了如指掌。

对哈勃来说，时间是非常宝贵的。全世界的天文学家所申请的观测时间，加起来一般总会超额6至9倍，实在是供不应求，而且，让哈勃全天候不间断工作也是一件不容易的事。为了确保不浪费任何一秒，所有的作业，无论是观测活动还是家务式的日常运作，如重新调整望远镜位置、上传更新观测日程表之类，都必须事先经过周密安排。

天文台之间存在竞争吗？

现在一些雄心勃勃的大型天文研究计划，会花上不少时间在不同地区的太空及地面望远镜作观测。这些望远镜，往往不是互相竞争，而是互补不足，为天文观测提供不同的角度，令天文学家能够更多角度地去了解天体的物理现象。这正体现了亚里士多德（Aristotle）的名言"整体大于部分之和"（The whole being greater than the sum of the parts），意思就是说集百家之长，团队集体所达成的，必定大于个别成员独立的成果之总和。在这些众多的计划中，哈勃绝对担当着枢纽的角色。

哈勃的仪器及系统

最终仪器

在第5次的哈勃维修任务中，翻新更换了望远镜的FGS、电池、陀螺仪；尝试修理STIS和ACS，并安装两台新仪器，使哈勃重生。

WFC3照相机

第三代广角照相机（Wide Field Camera 3, WFC3）会取代WFPC2。WFC3可拍摄由近紫外线到近红外线的照片，但主攻紫外线和红外线波段，跟以可见光为主的ACS一起互补不足，它的卓越视力将会带领哈勃的摄影工作进入更鼎盛的时代。

COS摄谱仪

2002年暗淡天体照相机（Faint Object Camera, FOC）被替换后，已经不再需要COSTAR。宇宙起源摄谱仪（Cosmic Origins Spectrograph, COS）会取代COSTAR。同样是主攻紫外线和红外线波段，跟STIS一起互补不足。它在紫外线波段比STIS灵敏30倍，因此能够探测如类星体等非常暗的天体，其任务主要是探测宇宙的结构。

解剖哈勃

这幅哈勃的切面图揭示了望远镜当中的配置、仪器及其他重要系统，这些系统让哈勃得以完成指向、运作以及通信工作。

主镜

哈勃的主镜由特制的玻璃所制，镀上铝及特制的化合物薄膜以反射紫外线。镜片直径为2.4米，它收集恒星和星系的光线并反射到副镜。

FGS导星器

哈勃上有三台精密导星传感器（Fine Guidance Sensor, FGS），望远镜需要其中两台用于指向及锁定目标，第三台则用作位置测量，也就是天体测量学（astrometry）的用途。

STIS摄谱仪

太空望远镜照相摄谱仪（Space Telescope Imaging Spectrograph, STIS）现在已经停止运作，它集照相机与摄谱仪于一身，覆盖广阔的频谱——从近红外线至紫外线，是一台多功能的、现代化的科技仪器。

COSTAR系统

COSTAR严格来说不是一台科学观测仪器，它是一套光学矫正系统，为纠正主镜的像差而设计，在第一次维修任务中取代了高速光度计（High Speed Photometer, HSP）。

NICMOS照相摄谱仪

近红外线照相机及多重天体摄谱仪（Near Infrared Camera and Multi-Object Spectrometer, NICMOS）是一台专为近红外线成像及光谱观测而设的仪器。它的运作波长为800至2 500纳米。

ACS照相机

高级巡天照相机（Advanced Camera for Surveys, ACS）被誉为哈勃的第三代仪器，与以往的主力照相机WFPC2比较，ACS的视角扩大了近两倍。由于它能够在大面积天区同时进行观测，同时依然能够维持影像的细致，因而得名。

镜盖

哈勃的镜盖（aperture door）能够在紧急时候关闭保护望远镜，以防止太阳、地球和月球的强光误入望远镜造成损毁。

副镜

跟主镜一样，哈勃的副镜也由特制的玻璃所制，镀上铝及特制化合物薄膜以反射紫外线。副镜的直径约为33厘米，光线被它反射后穿过主镜的中心孔传到观测仪器处。

太阳能板

哈勃的第三套太阳能板能够产生足够电力，以确保所有科学仪器能同时运作，从而提升了哈勃的效能。这套太阳能板跟早前的版本有所不同，它较坚硬，也不会震动，让哈勃能够进行稳定的、针尖般高度清晰的观测。

通信天线

当哈勃观测天体时，电脑会把影像或光谱转化成数码字串，轮流经由哈勃的两条通信天线传送到由两颗卫星组成的追踪及数据转发卫星系统（Tracking and Data Relay Satellite System, TDRSS）。

辅助系统

包括重要的辅助系统如电脑、电池、陀螺仪（gyroscopes）、反作用轮（reaction wheels）及电子仪器。

WFPC2照相机

在ACS安装前，WFPC2一直是哈勃的主力照相机。它能通过内置的48种滤镜覆盖由远紫外线至近红外线的波段，获得极佳品质的照片。多年来，大部分哈勃对公众发表的照片都由WFPC2所拍摄。

多波段雪茄星系合成图

　　天文学家现在多会对电磁波中不同的波段进行观测，这对了解天体的特性有莫大的帮助。俗称雪茄星系（Cigar Galaxy）的活跃星系（active galaxy）M82，恒星在星系中心高速诞生，速度比我们银河系的高出10倍，除了受附近M81星系接近的影响外，M82中恒星产生的超级星系风（supergalactic wind）使星系中心制造了由氢组成向外吹的云气。这张假色图片是由多个波段的观测数据合成所得： 钱德拉X射线天文台（Chandra X-ray Observatory）的X射线资料显示为蓝色；哈勃可见光数据的蓝端显示为黄绿色，红端为橙色；斯皮策太空望远镜（Spitzer Space Telescope）的红外线资料则显示为红色。

不同的天体,它最光亮的波段也不同,哈勃不同波段的仪器设计,正是为了满足观测上的需要。

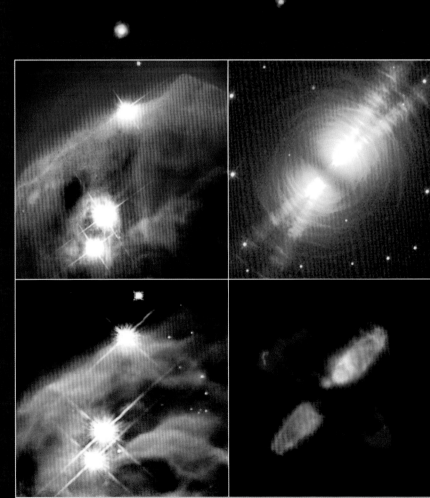

穿透尘埃

右下靠左上下两图是锥状星云,分别使用ACS和NICMOS所拍摄的可见光和红外线影像。红外线可以穿透部分尘埃,因此在红外线影像中解封了可见光影像中被尘埃遮盖的恒星,而剩下内里的厚尘。

填补遗漏

靠右上下两图是卵形星云(Egg Nebula),分别使用WFPC2和NICMOS所拍摄的可见光和红外线影像。除了穿透尘埃,红外线观测更填补了可见光的不足,红外线展示了两对双极外向流(bipolar outflow),让理解天体的物理过程变得更全面。卵形星云是一颗演化为行星状星云前阶段的前行星状星云(preplanetary nebula)。

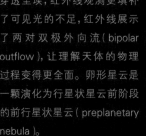

"没有任何一个国家能够独力承担此项浩大计划。"

对天文学家而言,哈勃最重要的组件当然是它的科学仪器。哈勃一共有两组科学仪器,分别是架设在哈勃腰间的"径向"(radial)部分,以及安装在望远镜末段的"轴向"(axial)部分。它们各司其职,有的负责拍摄照片,有的负责分拆恒星和星系的光,以形成一条展开的、彩虹般的光谱。

哈勃在太空中独一无二的优势使它可以比地基的光学望远镜观测到更广阔的谱段。它可以观测到被地球大气层完全吸收的紫外线。此外,对于近红外线波段,在地面观测时天空太亮也不太透明,而哈勃在太空中可更清楚地接收近红外线的谱段。这类观测能揭示天体的特性,使它们无法再蒙蔽我们的眼睛。

一些仪器,如ACS,在可见光和紫外线观测上表现较佳。另外,如NICMOS,则为红外线观测而设。此外,哈勃依赖着各种各样的机械和电子元件来维持其正常工作。哈勃的动力来自两侧的太阳能板,它们把太阳能转化为电能,供给望远镜所需。陀螺仪(gyroscopes)、追星仪(star trackers)与反作用轮(reaction wheels)则用以保持哈勃的稳定,并负责指向正确位置,准确追踪观测中的天体,每次可以维持数小时以至数日,望远镜的指向不能太靠近太阳、月球或地球,因为它们的强光会损毁对光线敏感的仪器。哈勃的指向与追踪系统是工程上的一大胜利,依赖复杂层化的系统,整台望远镜可以在太空中保持恒久的稳定,达到一个不可思议的水平。哈勃可以连续数星期对着天上的同一点,偏差不会多于月球直径的数百万分之一,恒定得令人难以置信。

哈勃的两侧有几根通信天线可以传送观测和其他资料回地球。哈勃首先把数据传送至一颗追踪及数据转发卫星系统的卫星,接着卫星再把讯息下链(downlink)至美国新墨西哥州的白沙基地。观测的数据再由美国NASA传送至欧洲,并储存于德国慕尼黑的庞大数据库中。

没有任何一个国家能够独力承担此项浩大计划。哈勃是一项NASA与ESA之间的重要合作项目,在ESA成立之初就已经开始。ESA为哈勃计划提供了一台仪器、两组太阳能板、部分电子系统以及大量的科研人员。

哈勃在欧洲天文学界有着很重要的地位。欧洲天文学家使用哈勃的观测时间,通常比其他地区的天文学家多出15%,致使过去数年间得以出版数以千计的科学著作。多数天文学家在使用哈勃的同时,都会再使用地基望远镜及其他太空望远镜作补充观测。

参与哈勃望远镜合作的欧洲专家分为两组,15位来自ESA的专家在美国太空望远镜科学研究院(Space Telescope Science Institute, STSI)工作,另外20位专家则组成了位于德国慕尼黑的哈勃太空望远镜欧洲协调中心(Space Telescope–European Coordinating Facility, ST–ECF)。

哈勃知多少

一些鲜为人知的哈勃资料包括: 哈勃已环绕地球达100 000多次,行走达45亿千米,距离足以来回一次土星。纵然在计划上花费不菲,但哈勃对25 000个不同的天体作了800 000次曝光,产生30 TB数据,并成就了7 000份科学论文的完成,是一个相当高的数目。

- 轨道高度: 568千米
- 轨道周期: 96分钟
- 任务年限: 20年
- 曝光次数: 约800 000
- 拍摄图片: 约500 000
- 观测数目: 约25 000
- 数据: 多于30 TB下传至地球
- 运行距离: 环绕地球100 000次(约45亿千米)
- 科学论文数目: 约7 000
- 角分辨率: 0.05角秒
- 频谱范围: 110—2 400纳米(由紫外线到近红外线)
- 口径: 2.4米
- 追踪准确度: 哈勃在24小时内的移动少于0.007角秒
- 成本: ESA20年来花费了5亿9 300万欧元(约47亿元人民币);NASA花费了60亿美元(约420亿元人民币)
- 尺寸: 15.9米长,4.2米直径
- 发射日期: 1990年4月24日,12: 33: 51 UT
- 重量: 11 110公斤

*数据截至2005年

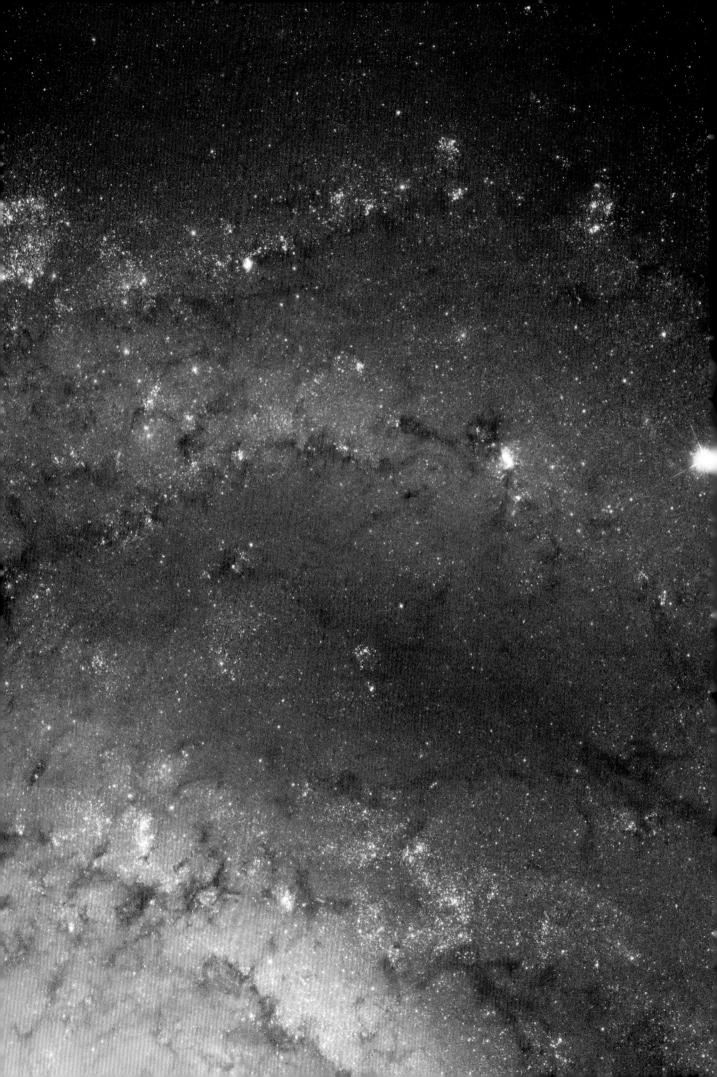

风车星系

　　ACS照相机的高分辨率大大提升了哈勃的威力。图中是ACS所拍摄的风车星系（.Pinwheel Galaxy）M101的剪裁部分，原图大小足足有15 852×12 392像素。照片清晰可见旋臂中独立的尘带；数颗明亮的星是来自我们银河系的前景恒星，至于那处于两条旋臂中的旋涡星系是百万光年后的背景星系。图的左上方是星系核心的位置，因此以年老恒星的偏红颜色为主，而旋臂则被年轻炙热的蓝色恒星充斥着。

第三章　行星故事

围绕着一颗太阳型恒星公转的类地行星（画家设想图）

寻找环绕其他恒星的细小、呈固体、地球类行星是一件非常艰难的工作,跟寻找大质量、木星类的气体巨星完全相反。现在已有寻找甚至研究类地行星的实验设计,以寻找适合人类居住的地方为终极目标,寻找到"新地球"的日子即将来到。

在恒星形成的同时,余下的物质会组成行星系统。天文学家认为在恒星诞生时,"残骸圆盘"（debris disk）会同时出现,因此在宇宙中预计仍有大量的"太阳系"有待我们发现。实际上,过去数年,已有超过200颗外星行星（exoplanets）在邻近的恒星周围被发现。哈勃除了对我们太阳系的成员作出长期的研究外,也在其他系统的行星中进行了难得的观测。

我们只不过是太阳诞生后的残留物。"

　　宇宙了无边际，在浩瀚的宇宙中，我们的至亲就是同在太阳系中的天体，大家有着同样的起源和命运。

　　约45亿年前，我们的太阳系在巨大的气体云中形成。我们太阳系的诞生，很可能是多年前由一颗附近的恒星，在热核爆炸的致命力量中所触发。也许是爆炸的破坏力打乱了原始气体云中不稳定的平衡状态，引起一些物质向内塌陷，朝中心聚集形成了新的恒星，那就是我们的太阳。而一小部分的塌陷物则在多处汇集，形成了我们今天所见的各颗行星。

　　换句话说，我们只不过是太阳诞生后的残留物。行星在母恒星诞生后留下的尘埃和气体圆盘中诞生。在我们的太阳系，固态行星形成于太阳系内围，至于那些气体巨星则形成于太阳系较外围的地方。然后，当太阳开始吹出，或由邻近的恒星或超新星刮来猛烈的原子风时，只有一定大的行星才可以保留附近的气体，但行星间脆弱无力的星云气体会被打散。最后，在太阳系的天体动物园里便留下了我们所熟悉的岩石世界和巨大的气体行星。

　　即使现在，我们也无法准确估算太阳系中物质的总量，甚至连究竟有多少颗行星也不能确定。自从20世纪30年代发现冥王星，和70年代发现冥卫一（查龙，Charon）后，天文学家就一直试图了解在冥王星以外是否有天体存在。

　　2003年，哈勃发现一颗在遥远恒星背景中移动的天体，其速度足以让人认定那是太阳系内的天体。从估计显示，它的大小接近一颗行星，此天体后来以北极因纽特人（Inuit）的女神塞得娜（Sedna）命名。塞得娜直径可能为1500千米，相当于冥王星的四分之三，但因为它太遥远，即使在哈勃望远镜眼中，也只不过是几个像素。塞得娜是太阳系中暂时已知最遥远的天体，距离太阳150亿千米，比地球与太阳间的距离多100倍，在这距离下，到达塞得娜的太阳光和热只等于地球上满月时的强度，所以塞得娜永远处于荒凉的寒冬。

　　塞得娜被发现后不久，天文学家于2005年发现了阋神星（Eris）。阋神星同样位于冥王星外，当它运行至最接近和最远离太阳时，分别为地球与太阳距离的38倍和68倍。根据它的光度，天文学家推测它的大小比冥王星大，而直接的量度待至2006年4月哈勃所进行的观测，天文学家才靠照片分辨出阋神星的大小，证实它确实比冥王星大，直径约为2400千米。

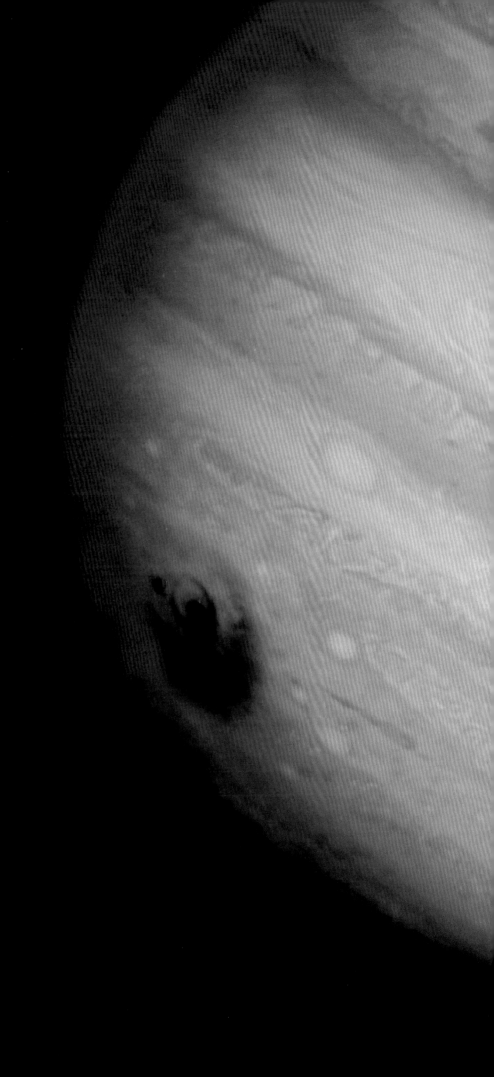

彗星撞击

　　这张巨大行星木星的真色影像使用哈勃的WFPC2照相机拍摄，展现了休梅克·利维9号彗星D核和G核的撞击地点。

阋神星和谷神星

目前最清晰的阋神星（左）和谷神星（右）影像，均由哈勃所摄得。阋神星和谷神星的直径分别为2 400千米和950千米，拍摄这两张照片时距地球分别为160亿和2.4亿千米。虽说它们体积细小并且距离遥远，但哈勃仍能够分辨出谷神星的地面特征和阋神星的大小。

现在，我们对太阳系的认识远比以往多和复杂，太阳系也不再简单，不能再简简单单地以九大行星代表就行了。除了在火星和木星之间的小行星主带（main asteroid belt）外，海王星外还有被称为埃奇沃斯−柯伊伯带（Edgeworth−Kuiper belt）的密集区域，科技的进步让我们自1992年起陆续在埃奇沃斯−柯伊伯带中找到愈来愈多的天体。埃奇沃斯−柯伊伯带天体（Edgeworth−Kuiper belt objects, EKBOs）是长期冰封在太阳系边际的在太阳系诞生初期所遗下的原始材料。

早在发现阋神星前，冥王星的定位问题多年来也一直有争议。2006年8月，国际天文学联合会（International Astronomical Union, IAU）就冥王星和太阳系的天体作重新归类，并期望为"行星"（planet）一词拟出定义。结果，讨论在未能达成共识的情况下投票判定，冥王星、阋神星和位处小行星主带的谷神星（Ceres）被归类为"矮行星"（dwarf planet），"行星"则余下8颗。阋神星（Eris）的名字也因此而来，Eris是希腊神话中纷争和闹事女神，天文学家以此命名这颗牵起冥王星纷争的天体，最适合不过。

在埃奇沃斯−柯伊伯带中，很多天体都以有别于一般行星的轨道运行。冥王星也属此列，以高偏心率、高轨道倾角、公转周期200年以上见称，因此冥王星也成为有着这些特性的EKBOs的原型。

过去，不少人误以为"太阳系"就等于"九大行星"，而忽略了太阳系其他多姿多采的事实。虽然冥王星现在被重新分类，但无论冥王星的定位如何，大家如何称呼它，它也是一族天体的典型例子，它位于冰冷太阳系边缘的独特地位也无法改变。反而，我们不该再故步自封，只记着"8"或"9"这两个数字，现在该是认识太阳系的新纪元，谁都不能再原地踏步。

"现在是认识太阳系的新纪元,谁都不能再原地踏步。"

冥王星系统

哈勃于2005年拍摄的冥王星系统照片,天文学家发现了两颗新卫星。除了在1978年发现的冥卫一外,由内至外分别为冥卫二(尼克斯,Nix)及冥卫三(希多拉,Hydra),它们约比冥王星暗5 000倍。正在前往冥王星的"新视野号"(New Horizons)探测船将会在2015年到访冥王星,届时我们对冥王星的认识会大大增加。

"矮行星"

在IAU行星定义的辩论中,问题的核心并非讨论冥王星是否为行星,而是在争议包括冥王星在内的"矮行星"是否为"行星"。"矮"一词翻译自英文"dwarf",并无贬义,在天文名词中也常用,如我们的太阳便是一颗黄矮星(yellow dwarf),这只是相对于巨星(giant)的一个称呼而已。谷神星、冥王星与阋神星被归类为"矮行星",并非因为其细小的缘故,而是它们是一颗原行星(protoplanet),一颗未完全成长的行星。因此,日本对"dwarf planet"一词译作"准惑星"。

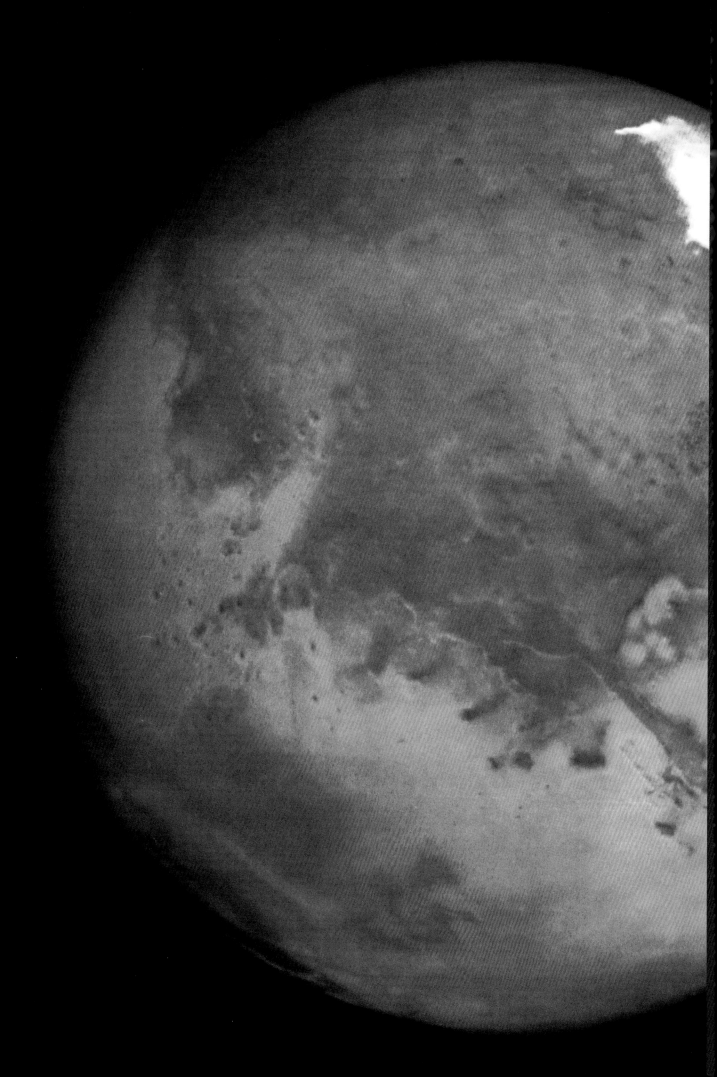

"哈勃在我们的太阳系开启了一扇永不关上的窗口。"

近瞻火星

这火星的景致,是在地球范围所拍下的最清楚的照片,细小如数十千米的陨石坑及地表斑纹皆尽现眼前。这张照片是2003年8月24日由哈勃的高级巡天照相机(ACS)所拍摄,正是赤色行星历史性接近地球的数天前。

天际间,有很多神秘天体。行星形成后余下的残骸,化成了不同形状、不同大小的小行星或彗星,它们仍在太阳系各处漂浮,但有时候它们的轨道会引领它们走向灾难的道路。

哈勃能够对太阳系中引人注目的事件作出迅速反应,所以哈勃没有错过休梅克·利维9号彗星(Comet Shoemaker-Levy 9)冲进木星大气的演出。1992年夏天,当这颗彗星飞过木星时,它被木星巨大的引力撕成多块碎片。两年后,这些碎片循轨道回归并直插进木星大气的心脏地带。

哈勃紧贴并报道着彗星碎片陨落的每一刻,从它传回来一张张高解像、震栗的撞击照片,可见木星伤痕累累,那些伤疤,任何一处都比我们的地球大,而且撞击的痕迹维持数天仍然可见。天文学家除了目睹这百年难见的奇景外,也能够收集巨大行星大气的成分及密度的基本资料作研究之用。

备有精密仪器的太空探测器经常被派到太阳系内不同的行星,它们能提供近距离研究那些遥远行星的难得机会。一小部分探测器会进入目标行星的轨道,环绕它们公转,以作长期观测,但大部分只会作飞掠(flyby),在途中走马看花地拍一些快照,旅程便完结了。虽然哈勃的高解像照片被行星探测船的特写比下去,但哈勃却有着能够进行长期监测的优势。这对研究行星的大气与地质非常重要,如长期天气系统观测可以揭示背后的大气物理原理。

哈勃提供了一项独有的功能: 它在我们的太阳系开启了一扇永不关上的窗口。除水星太靠近太阳不能观测外,哈勃能够定期监察太阳系中几乎所有行星,提供长期变化的观测数据,这是通过其他途径所不能达到的。就是由于这个特点,我们得以看见其他行星上的风暴形成、季节变迁、大气中的其他空前现象,例如木星和土星上的极光等。

哈勃极高的分辨率及灵敏度让它能在太阳系的天体上进行独有的观测,提供令人赞叹的照片以及大量丰富的数据来解释它们的特性。如哈勃在木星的极光中所见的细节,跟地球上极区所见的相似,但强度却比地球上高1 000倍,结构也更复杂。由于木星的极光只可见于紫外线,因此地基望远镜永不能作研究。同样的,土星上的极光犹如发着紫外光的窗帘,垂挂在南北两极云顶1 000千米以上,景象令人惊叹。

"发着紫外光的窗帘垂挂在云顶1000千米上。"

投在木星上的木卫一影子

木星的火山卫星木卫一（艾奥, Io）每1.8天绕木星一周。现在所见的是哈勃的WFPC2所捕捉的直径为3640千米的木卫一，它把自己黑色的影子投射到巨大的木星上。

土星极光

天文学家把土星南极的紫外光影像与可见光下的土星及环的影像，合成为这张图片。极光表面看上去呈现蓝色是因为它发着紫外光，但实际上，若有观测者身处土星，看到的极光会是红色的，这是因为存在于大气中的氢氧发光的缘故。紫外线的影像是2004年1月28日使用哈勃的STIS照相摄谱仪所摄。至于可见光影像，则在2004年3月22日由ACS所摄。

虽然，在太阳系中明显还有很多等待我们发现的惊喜，但哈勃也会把它的眼睛指向其他恒星，寻找其他行星系统。天文学家正展开在宇宙其他地方寻找生命的行动，首要目标是寻找类似地球的行星，但寻找它们比探测大质量的"木星"类行星要困难得多。至今发现最近似地球的行星Gliese 581c，是一颗表面温度初步估计为0至40摄氏度、质量为地球5.5倍、直径大1.5倍的"超级地球"。未来，还要继续依靠哈勃和其他望远镜寻找"新地球"。

第一颗围绕太阳类恒星公转的行星于哈勃升空后5年被发现。虽然哈勃并非设计用来研究外星行星，但多功能的哈勃还是能够在这新兴并广受欢迎的研究领域作出重要贡献。例如，哈勃的高解像力已经成为研究气体和尘埃圆盘"原行星盘"（proplyds, protoplanetary disks）不可缺少的工具，在猎户座大星云中的恒星附近就布满着这些原行星盘。它们可能是处于诞生初期阶段的年轻行星系统。哈勃所展示的细节超越现在任何地基仪器。感谢哈勃的能力，我们现在得到了目击证据，证明年轻恒星普遍拥有尘埃圆盘。

哈勃也曾从探测行星使母恒星摆动的幅度来估量一颗行星的质量，这是史上第二次以同类方式进行的准确计算。此外，哈勃也找到了至今发现的最年老的行星。它环绕一颗细小的已死恒星外壳运行，距离我们5600光年，年龄约130亿岁，差不多是我们太阳系的3倍。虽然现在它的母恒星已死，但过去也曾像太阳般耀眼，至于行星本身，过去也曾经跟木星的形态相像。

碎裂的史瓦3号彗星

2006年4月，史瓦3号彗星（Comet 73P/ Schwassmann-Wachmann 3）接近太阳，并迅速瓦解成无数碎片。图中是哈勃所见的彗星于2006年4月20日的B核照片，彗星的变化很快，时刻都有改变。数十块的微型彗星是自早期太阳系形成后长期冰封的尘埃和冰，彗星在接近太阳时被引力、热力所撕裂。

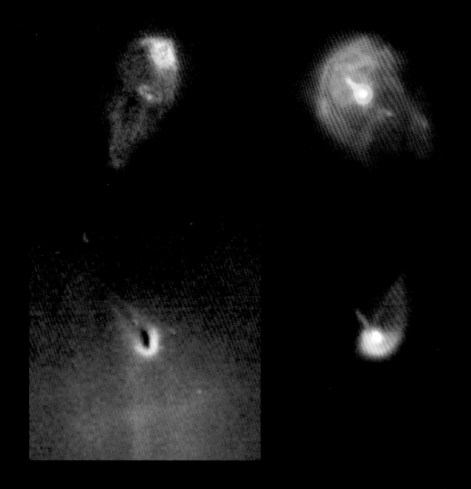

原行星盘

　　行星于原行星盘中诞生，图中是哈勃在距离我们1 500光年的猎户座大星云中拍摄到的原行星盘，盘里有行星形成的建筑材料。大自然适者生存的道理，在行星形成的过程中也派上了用场。原行星盘附近布满其他新生恒星的强烈紫外线辐射，行星的形成必须跟时间竞赛，才可以成为生还者，否则较晚形成的原行星盘就会被紫外线辐射所毁灭。图中原行星盘眼泪般的外形是受紫外线辐射吹袭而成。

"总有一天我们会在地球以外找到生命的印记。"

1999年，地基望远镜通过一颗母恒星上微小的引力拉扯而发现了距离地球150光年的气体巨星HD 209458b。2001年，哈勃作了高精度的测量，在HD 209458b经过恒星表面时测量了星光下跌的幅度。另外，它在母恒星面前经过时，光线经过行星大气的过滤，发现了当中含有钠及挥发的氢、氦和碳等成分，成为首颗被探测到大气层成分的太阳系外行星（extrasolar planet）。

一切生命都需要呼吸，而呼吸会改变大气的成分，这正好为我们提供了探测生命存在证据的线索，而靠光合作用为生的植物也会为它们行星地表的反射加上七彩的"生命印记"。因此，借着探测外星行星大气的化学成分，总有一天会让我们在地球以外发现生命的印记。

天文学家相信有很多行星系统与我们太阳系相似，它们都绕着其他恒星公转。恒星的诞生、成长、死亡和重生是一个无休止的循环。恒星由气体和尘埃而生，光芒四射数百万、数十亿载，然后又会死亡变回气体和尘埃，再去孕育新的生命，循环不息。行星和可能产生生命所需的一些化学元素，成为这个循环过程中的副产品。正因为如此，广阔的宇宙才会生生不息。

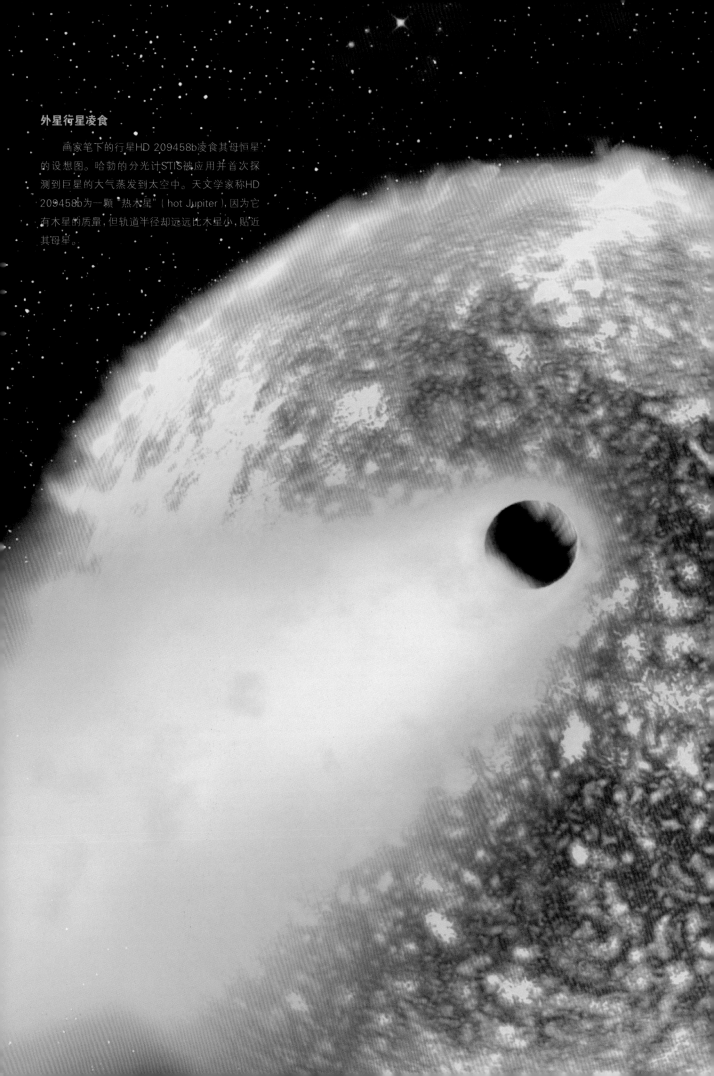

外星衍星凌食

　　画家笔下的行星HD 209458b凌食其母恒星的设想图。哈勃的分光计STIS被应用并首次探测到巨星的大气蒸发到太空中。天文学家称HD 209458b为一颗"热木星"（hot Jupiter），因为它有木星的质量，但轨道半径却远远比木星小，贴近其母星。

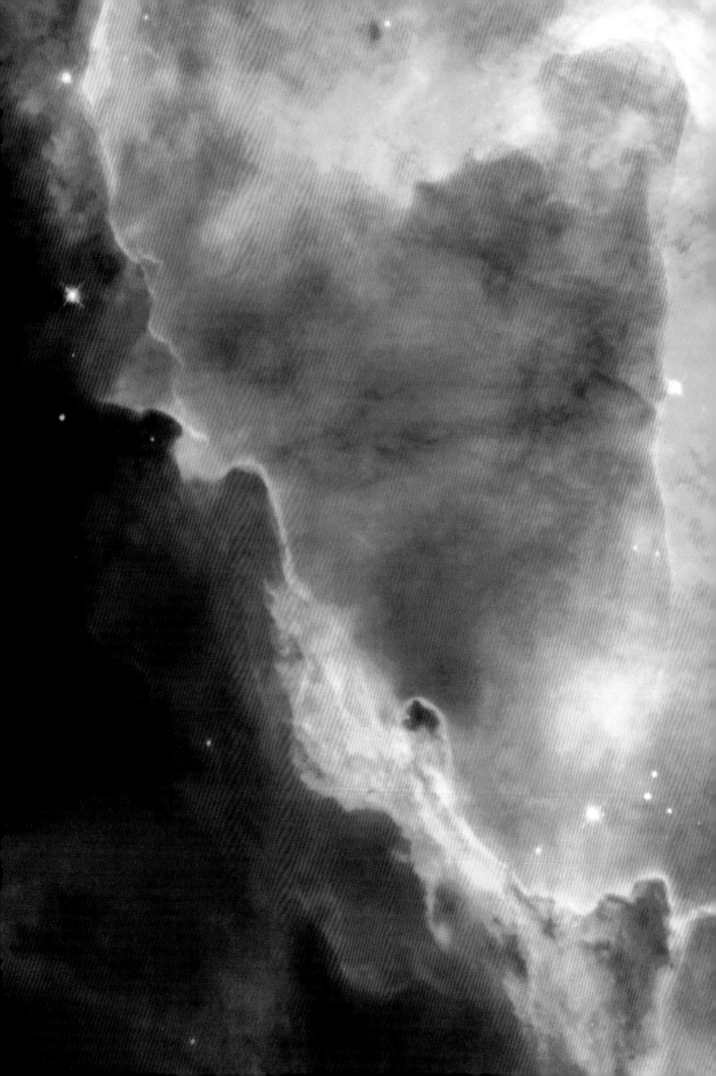

第四章　恒星的一生

人马座中的M17

这是WFPC2所拍摄的照片，显示了恒星诞生地奥米加星云（Omega Nebula）或称天鹅星云（Swan Nebula）的一小部分。当中波浪形的气体是受到位于图片以外右上方的年轻大质量恒星的紫外线辐射的洪流雕琢和照亮的结果。

太阳是一颗典型的恒星，跟银河系中其他1 000亿颗恒星无异。这些恒星有的质量较大，有的较小，大质量的恒星生命往往比较短暂但却死得轰轰烈烈，小质量的恒星寿命可以很长，甚至能活上百亿年。恒星是宇宙中的化学元素制造工厂，宇宙中的大部分元素均由恒星所制造。宇宙形成初期，其中绝大部分只是氢和氦，构成地球、生命甚至是我们身体的复杂元素均是由"星星工厂"从氢和氦合成出来的。在一些生命短暂的恒星的一生中，它们衍生出哈勃所拍摄的最漂亮的影像。

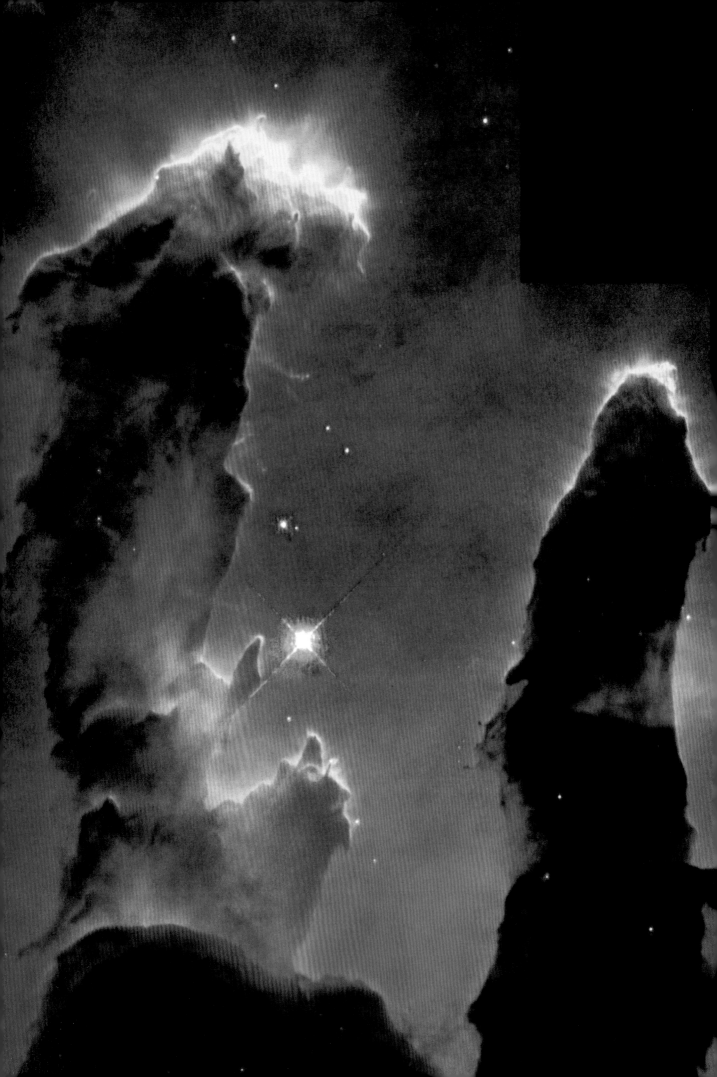

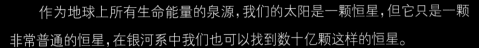

"恒星就是燃烧的气体光球。"

恒星就是燃烧的气体光球。

创造之柱

这张1995年WFPC2所拍摄的照片已经成为广为人知的影像。在我们邻近的产星区（star-forming region）M16鹰状星云（Eagle Nebula）中，在冰冷和充满尘埃的分子云与较稀薄物质的交界处，有被年轻炙热的恒星吹出的恒星风激发露出的突出物，称为"星蛋"（即蒸发气体云球，Evaporating Gaseous Globules, EGGs）。

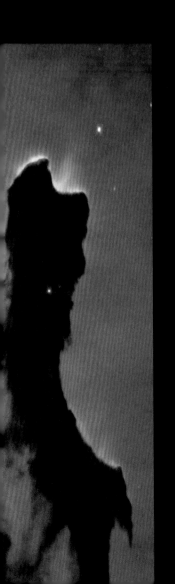

作为地球上所有生命能量的泉源，我们的太阳是一颗恒星，但它只是一颗非常普通的恒星，在银河系中我们也可以找到数十亿颗这样的恒星。

恒星就是燃烧的气体光球。它在引力的塌缩下，在气体云中形成，它的核心会一直进行连锁核反应，所以在它一生中也会一直稳步释放能量。大部分恒星通过核聚变（nuclear fusion）的过程把氢原子合成为氦，跟毁灭性的氢弹原理相同。事实上，恒星就是把一些较轻元素通过一系列核聚变的过程转换成较重元素的核工厂，它们会一直燃烧，直至耗尽所有"燃料"。就是这样，恒星的一生静悄悄地开始，稳步地成长，然后或许轰轰烈烈地结束。但恒星，正如太阳，寿命比人类长上亿倍，我们是如何知道这些事情的呢？

要研究地球上某种生物的生命周期，我们没有必要去追踪它整个生命的历程。换个方法，我们可以同时间观察多个处于不同阶段的个体，这样我们便可以知道它们生命周期中的所有阶段。好比人生中几个不同的阶段，可以作为整个人生历程的一个写照，这同样适用于恒星。

恒星从出生到死亡经历数百万年，甚至数十亿年，即使最短寿的恒星，寿命也有一百万年，比整个人类的历史还要长！这正是我们很少可以追踪到恒星随着时间改变的证据的缘故。

为了更全面地了解恒星，我们必须把恒星从出生到死亡的所有阶段，各自寻找样本进行分析，然后再把结果拼合形成一幅大图画。哈勃叹为观止的照片记录了恒星诞生时的激烈情况和它们演化的过程。恒星在我们近邻的星际产房中诞生，它们好比一台时光机，重演着我们太阳系诞生的过程。

哈勃把不同恒星的出生、成长与死亡串连起来以完备恒星演化的理论，超越了其他天文台能够达到的水平。更特别的是，哈勃能够让科学家探测不同恒星在其他星系的情形，以研究不同环境对恒星演化的影响。这些资料非常重要，能让我们对银河系的认识延伸至其他星系。

星际循环再造

新的恒星是由死去的恒星遗下的物质循环再造而成，较轻的元素如碳、氮、氧、矽是由恒星的聚变所产生。至于较重的元素，则是由致命的超新星爆发而来，所以大部分元素都是由星星工厂所制造。当宇宙仍非常年轻，恒星和星系仍未形成时，氢和氦是当时压倒性的主要原子结构成分，没有任何重元素。

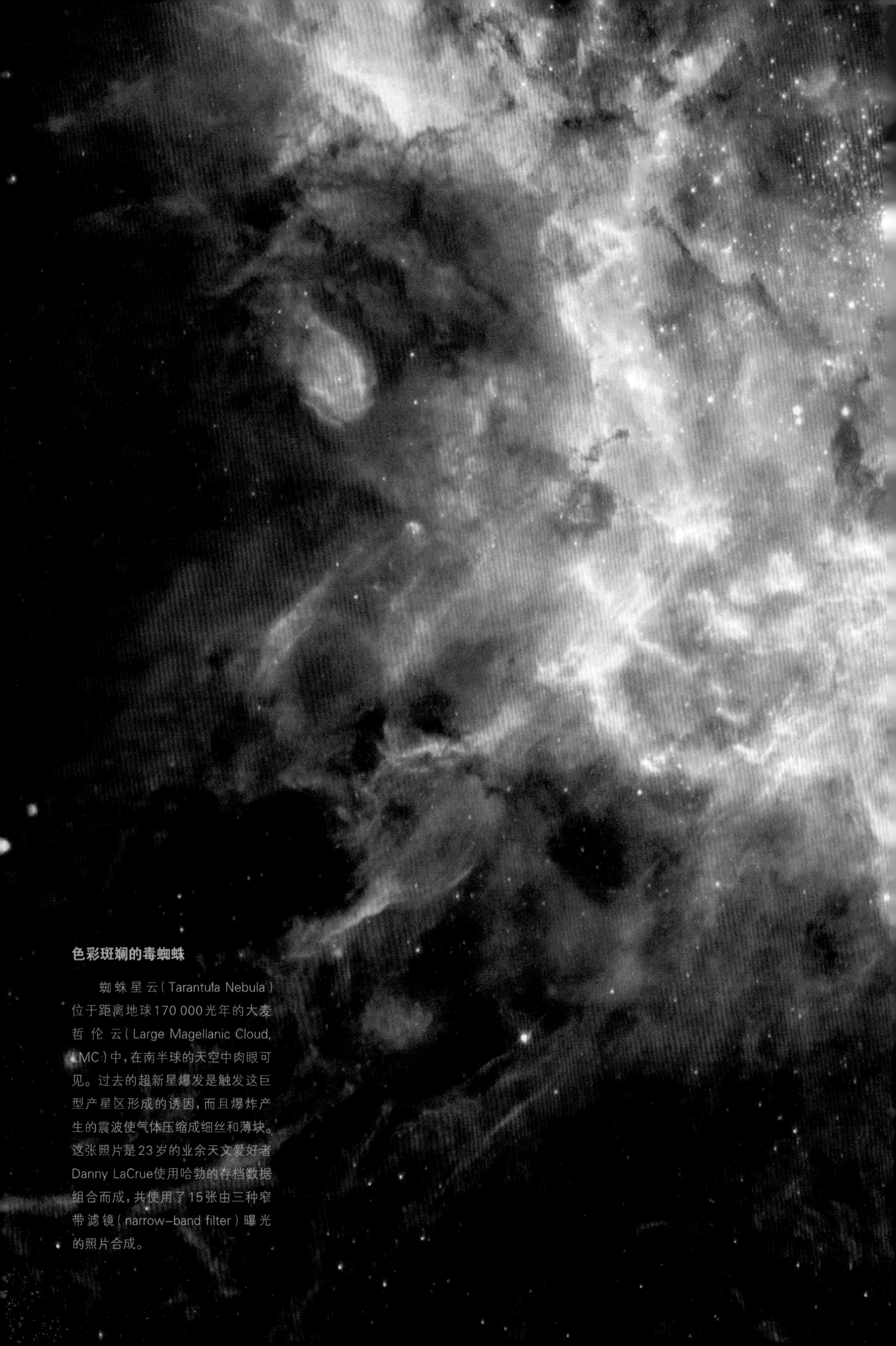

色彩斑斓的毒蜘蛛

　　蜘 蛛 星 云（Tarantula Nebula）
位于距离地球170 000光年的大麦
哲 伦 云（Large Magellanic Cloud,
LMC）中，在南半球的天空中肉眼可
见。过去的超新星爆发是触发这巨
型产星区形成的诱因，而且爆炸产
生的震波使气体压缩成细丝和薄块。
这张照片是23岁的业余天文爱好者
Danny LaCrue使用哈勃的存档数据
组合而成，共使用了15张由三种窄
带 滤 镜（narrow-band filter）曝 光
的照片合成。

哈勃眼中的猎人

　　这张壮丽的猎户座大星云（Orion Nebula）中央部分的彩色全景，是哈勃早期由WFPC2照相机拍摄的独立影像拼合的大型图片。哈勃这张非常细致的刺绣，展示出位于发光流动的气体旋涡中的汹涌混乱的星星工厂。虽然这照片的范围只有2.5光年宽，只占整个星云的一小部分，但照片已包含了一个星团和几乎所有的发光星云气体。

"我们起源的重要证据总是隐藏在星云迷蒙的面纱背后那布满尘埃的分子云中。"

为了在恒星诞生地获取我们起源的重要证据，哈勃需要不断努力工作，因为它们总是隐藏在星云迷蒙的面纱背后，那布满尘埃的分子云中。

在整个宇宙中都有恒星形成。巨大发光的氢气尘埃巨柱守卫着恒星摇篮，浸淫在附近新生恒星的光芒中。哈勃的红外线观测功能使它能看穿气体和尘埃，展示出前所未见的初生恒星的样子。

哈勃最令人兴奋的发现之一，就是观测到猎户座大星云深处，包围着新生恒星的尘埃盘。现在，我们实际上是看着新生行星系统的诞生，行星最终会在当中形成，正如45亿年前我们的太阳系诞生一样。

在它们初生的阶段，恒星会囤积起诞生星云的气体。物质跌进恒星的时候会被加热，就像车轮的转轴一样，沿着旋转轴喷发，形成气泡（bubbles）甚至喷流（jets）。

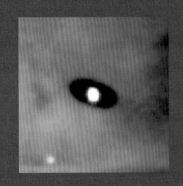

通常情况下，许多恒星都诞生于同一气体尘埃云中，有些恒星会一辈子聚在一起，共同经历每一个演化的历程，就像我们那些一起长大、长伴一生的儿时好友。

原始太阳系

环绕着新生恒星的圆盘（称为星周盘 "circumstellar disk" 或原行星盘 "protoplanetary disk"），被认为由99%的气体加上1%尘埃组成。即使只含有少量的尘埃就足以令圆盘变成不透明的，在可见光波段下显得黑暗。这些黑暗的圆盘能够被看到，是因为它位于背景光亮的猎户座大星云的炙热气体前沿，突出了其黑暗轮廓。

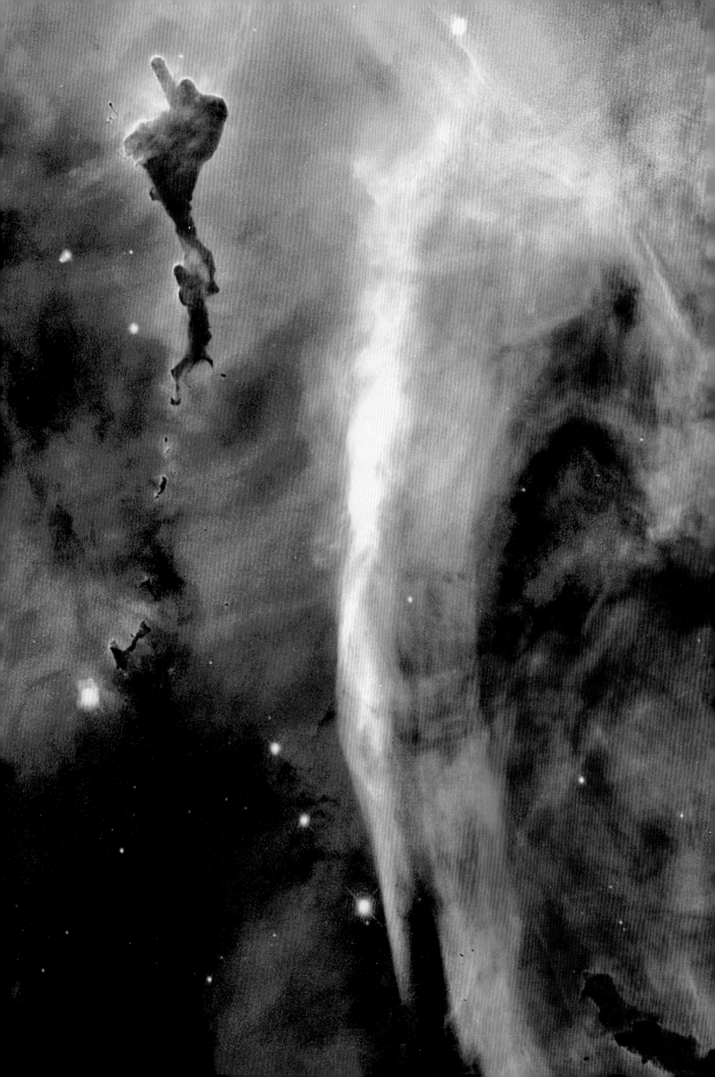

船底座大星云

　　使用六色滤镜、四组不同指向，这是WFPC2照相机所摄的钥匙孔星云（Keyhole Nebula），神秘和复杂的结构展示了星云中前所未见的细节。钥匙孔星云是船底座大星云（Carina Nebula，NGC3372）的一部分，照片中的大型环形特征是钥匙孔，那是星云的主要部分，星云的名称由19世纪威廉·赫歇尔爵士（Sir John Herschel）所命名。其所在区域距离我们有8 000光年，位于著名的随时爆发的海山二（Eta Carinae）变星旁（在照片外的右上方之处）。船底座大星云有着一些已知温度最高和质量最大的恒星，它们比太阳热10倍，重100倍。

"跟恒星的一生相比，人类的存在就如眨眼之间。"

星团中的所有恒星均是同龄的，但它们的质量却各不相同，这也意味着它们将有着不同的命运。

跟恒星的一生相比，人类的存在就如眨眼之间，所以要直接观测到恒星在演化阶段上的过渡变迁，只有靠偶然幸运的机会。哈勃借着其稳定性及无比清晰的对焦，显示了宇宙在数年间的改变。

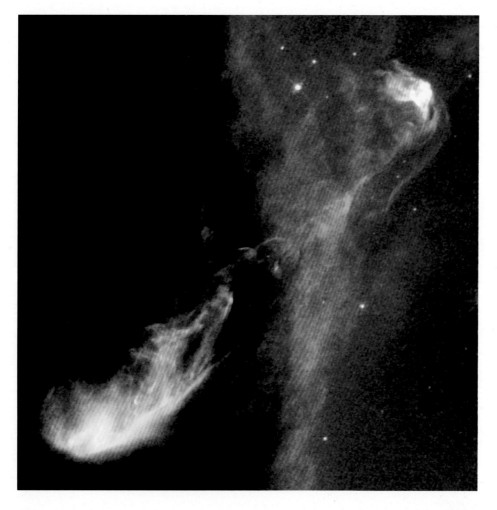

年轻恒星的喷流

这是一条长5兆千米、名为HH-47的喷流（jet），它的复杂形态显示隐藏在尘埃云中的恒星（图片左下方），可能在伴星的引力拉扯下摆动。

在地面,要观测到在这么短时间内的改变,几乎是不可能的。在宇宙中,这类演化过程一般也需要数千以至数百万年,所以,我们能够看到天体的实时改变,是一个相当重要的财富。至于在恒星演化周期的另一端,自超新星1987A爆炸的4年后,哈勃在1991年开始监测它的改变,并得出一系列令人惊叹的观测资料,显示了自我们20年前所目击到的猛烈爆炸以来的演化。

哈勃对另一颗更早期的超新星——蟹状星云(Crab Nebula)的定期监测,捕捉到其中央高速旋转的中子星(neutron star)——蟹状星云脉冲星(Crab Pulsar)把物质与反物质粒子推进至接近光速抛射到附近空域。这是由中国天文学家于公元1054年所目睹的超新星爆发,要感谢哈勃,天文学家现在能够追踪这爆发的残骸所遗留气体的移动改变。

并非所有年老的恒星都会以超新星了结其生命,它们的结局非常不同,哈勃也追随了它们生命的最后阶段。其中一颗年老的恒星是麒麟座V838星(V838 Monocerotis),距离地球20 000光年,它放出了短瞬的能量,照亮了四周的尘埃。像回音一样,光线的回荡称为回光(light echo)。麒麟座V838星四周尘埃的回光,被哈勃以纪录片般的连环镜头拍下,过程空前清晰。

质量最大的恒星的死亡会异常激烈,它们在巨大的爆炸中把自己摧毁,成为超新星(supernovae)。它们会成为整个宇宙中最光亮的天体,胜过同一星系中所有恒星,辉煌时期维持达数个月。

自1990年升空,哈勃一直留意着近代最近距离的超新星爆发——超新星1987A所上演的一出戏,望远镜不断监察着超新星爆炸后留下的气体环。哈勃观测到环上出现的光斑,它们就像镶嵌在颈链上的宝石一样。由恒星爆炸后产生的超音速冲击波,正在点燃着这些宇宙"珍珠"。

超新星爆炸的遗迹中会隐藏着一台强力的引擎。中国天文学家在公元1054年所详尽记录的超新星,哈勃对其残骸蟹状星云的神秘心脏地带进行观测,并发现它是一个动态的地方。在星云的中心,住着一颗特别的恒星——脉冲星(pulsar),这星像灯塔般旋转,发射出一束束光和能量,照亮和激发四周尘埃和气体组成的广阔的星云。

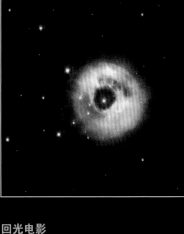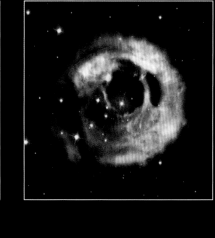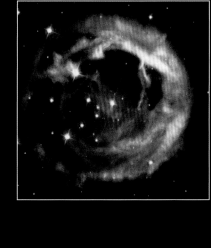

回光电影

哈勃让我们实时地观察到一些恒星正在老化。望远镜拍摄了令人惊叹的影片，让我们见证着一些天体如何在宇宙漫长的时间中，在一刻间确实地改变外貌。

蟹状星云

如蟹状星云，它所发出的光线来自"非热过程"（non-thermal process），以接近光速飞行的电子，沿着磁力线螺旋行进，并产生覆盖整个电磁波谱，由X射线到射电波的辐射。这是蟹状星云的X射线跟可见光影像外貌相似的缘故，图中的星云由X射线（显示为蓝色）和可见光（显示为红色）的影像合成。

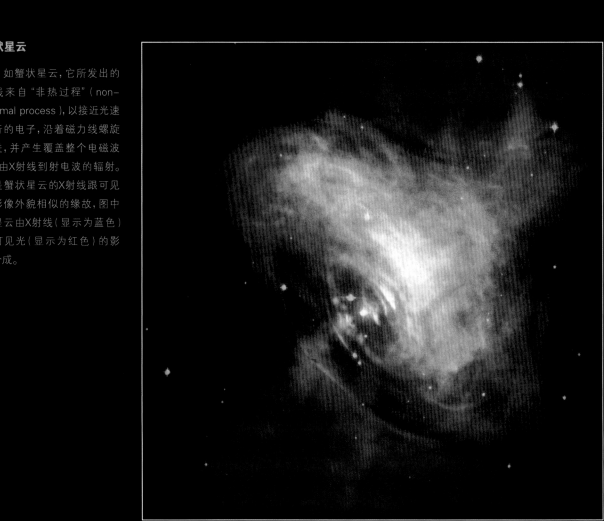

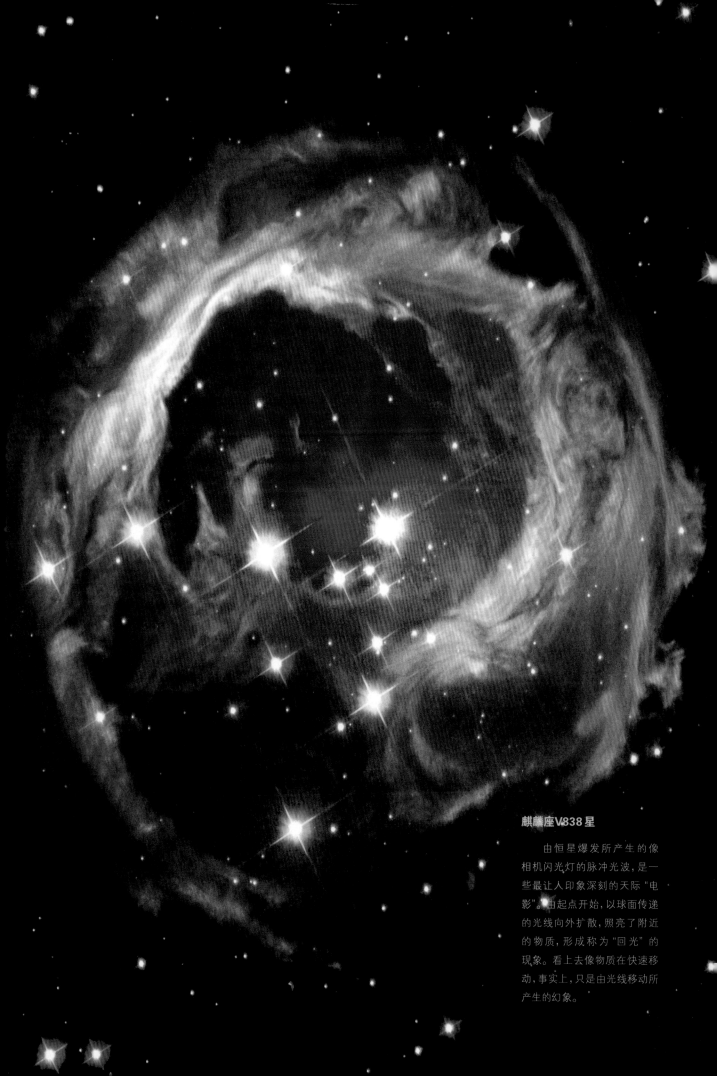

麒麟座V838星

　　由恒星爆发所产生的像相机闪光灯的脉冲光波，是一些最让人印象深刻的天际"电影"。由起点开始，以球面传递的光线向外扩散，照亮了附近的物质，形成称为"回光"的现象。看上去像物质在快速移动，事实上，只是由光线移动所产生的幻象。

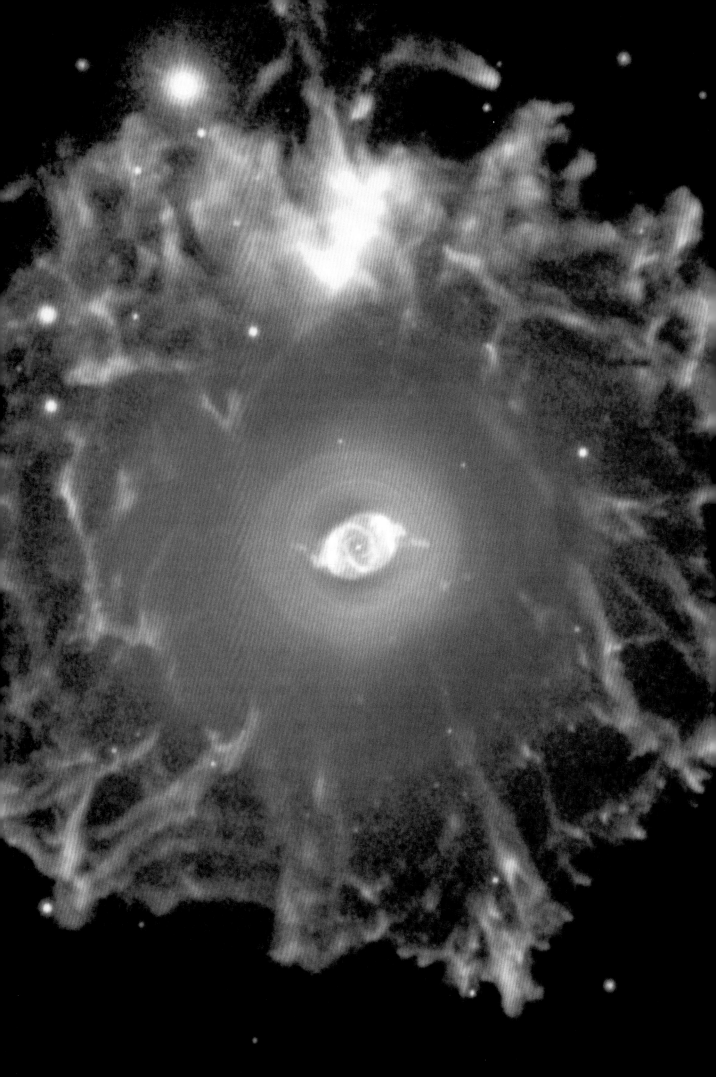

"太阳会吞噬水星、金星乃至我们的地球。"

广角的猫眼

从广角的角度去看巨大但极度暗淡的猫眼星云（Cat's Eye Nebula）周遭的气晕，这些可能是恒星约5万至9万年前，在演化中较早的活跃时期的抛射物。

不过，并非所有恒星都会以这种激烈的方式终其一生，太阳一类的恒星在耗尽氢气的时候，会冷却下来，由外向中心塌缩，然后燃烧较重的元素，致使外层膨胀慢慢扩散至太空。在这个阶段的恒星，称为"红巨星"（red giant）。

我们的太阳会在数十亿年后变为一颗红巨星。在那时候，它会膨胀，并吞噬水星、金星乃至我们的地球。

但这些恒星并未就此结束，它们会继续演化成非凡的东西。就在它们呼吸最后一口气前夕，如我们太阳般的恒星会绽放生命最后的光华。

在核聚变的最后阶段，恒星所吹出的恒星风使红巨星的残骸膨胀至更庞大的范围。膨胀后的中心地带是原来恒星的核心，现在成为外露的炙热矮星，它以强烈的紫外线涌向外部的气体包层（gaseous envelope），令它在一系列色彩美丽的光下发亮。

哈勃的猫眼特写

哈勃把焦点集中在前页的猫眼星云的中央部分所看到的细致影像。虽然这星云是最早期被发现的行星状星云之一，它是已知最复杂的行星状星云之一。当太阳般的恒星慢慢抛开其外层气壳，形成让人惊叹、形状扭曲的亮丽星云，这就是行星状星云。

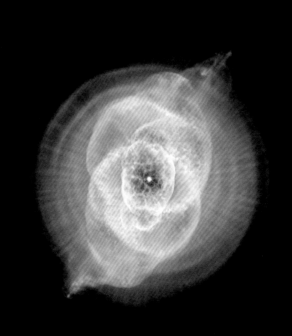

行星状星云标本收藏

　　哈勃所收藏的灿烂行星状星云，展示出意想不到、复杂细致的形态：像喷流、风车、细丝、冲击波、同心环、卷须、花瓣等等。再配上本身是气体，但状如薄纱的对称之翼，看上去就跟蝴蝶无异。

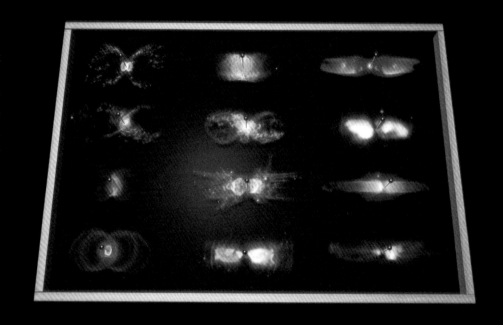

　　在早期的天文学家看来，这些奇特的天体有点像新发现的天王星，所以它们得名"行星状星云"（planetary nebulae）。在地面的望远镜看来，它们的外形近圆形（近行星的形状），几何图案也相对简单。哈勃敏锐的洞察力显示每一颗行星状星云都是独一无二的。一颗太阳般正常的恒星如何由相对少特征的气体圆球，演化成复杂细致的星云，仍是近代天文学中的未解之谜。每一张新添的展示星云形态的照片，都激起天文学家的好奇心。

"现代天体物理学中的一项谜团就是,何以简单的气体圆球能衍生出如此复杂的结构。"

视网膜星云IC 4406

哈勃揭示了这颗带着七色彩虹的死亡中的恒星,称为IC 4406,它跟其他行星状星云一样,展示了高度的对称性,星云的左半与右半几乎是一面镜像。若我们能够搭乘太空船飞到IC 4406,会发现当中的气体和尘埃形成了一个由死亡中的恒星所涌出的巨大甜圈冬甩(doughnut)。

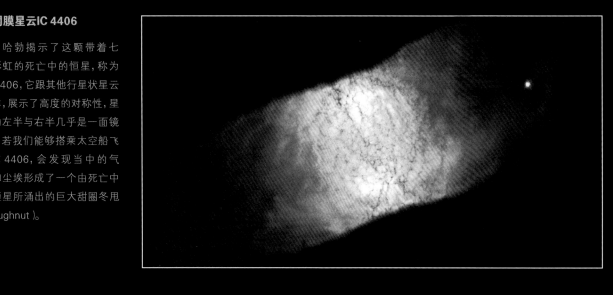

现代天体物理学中的一项谜团就是,何以如太阳般简单的气体圆球能衍生出如此复杂的结构!

一些行星状星云就如宇宙间的花园洒水器,以两个相反方向喷射,或是,这些特别的图案,是由一颗伴星的磁场所雕刻,把放出的气体注入从而形成喷流的形态?

不管是什么形成原因,这些宇宙之花在一万年后便会凋零。就如真花一样,它们死后会分解滋润四周的环境,恒星一生中所制造的化学元素,也会随行星状星云散发开去,以滋润周遭的空间,为新一代的恒星、行星,甚至生命的出现提供原材料。

因为行星状星云在宇宙漫长的岁月中转瞬即逝,在银河系中同一时间能出现的行星状星云不会超过15 000个。

死亡的恒星能以较长时间留下的,是它的小小核心,那称为白矮星(white dwarf)。这些只有地球般大,但密度非比寻常的高的星,注定要花上永恒的时间把它们的余热渗漏到太空之中,直至数十亿年后接近宇宙冷酷的温度——零下270摄氏度。哈勃是第一台直接观测到球状星团中白矮星的望远镜,这些白矮星提供了它们前身星(progenitor stars)光辉过去的化石记录。这些资料让我们能够测定这些古老星团的年龄,这是一个对所有天文学家都很关键的宇宙数据。

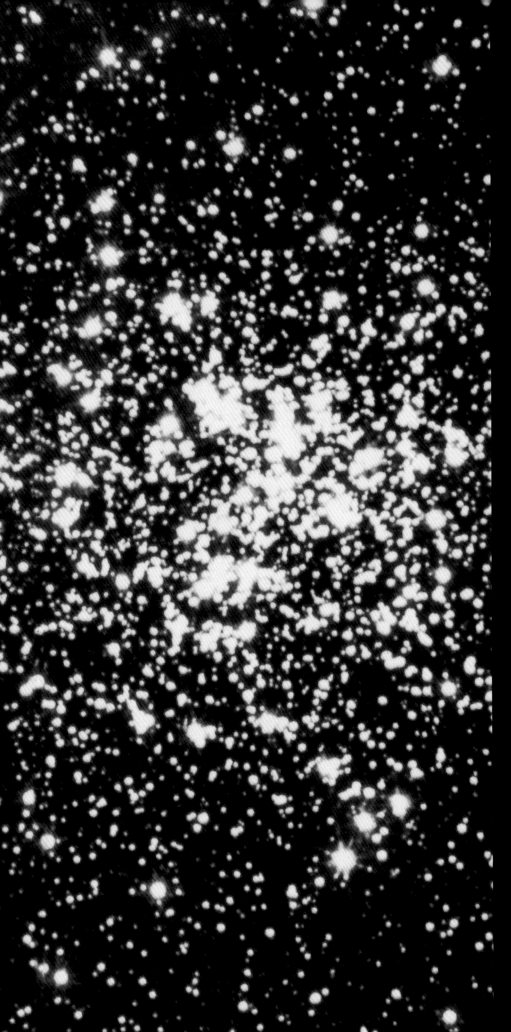

双星团NGC 1850

　　在我们邻近的星系大麦哲伦云（Large Magellanic Cloud, LMC）中发现，这年轻但外形如球状的星团是一个耀眼的天体。NGC 1850是一种我们银河系中尚未发现过的天体，它被细丝的云气所包围，相信它是由超新星爆发所衍生的。

超新星残骸 仙后座A

　　距离我们约10 000光年，位于仙后座的超新星残骸仙后座A（Cassiopeia A，Cas A），是银河系中已知最年轻的超新星残骸，估计年龄为340年，爆炸的冲击波照亮了超新星的碎片。哈勃分别在2006年3月及12月对仙后座A进行了观测，哈勃观测到细丝般的残骸高速向外膨胀，速度达每小时5 000万千米，等于在30秒内由地球到达月球的速度。

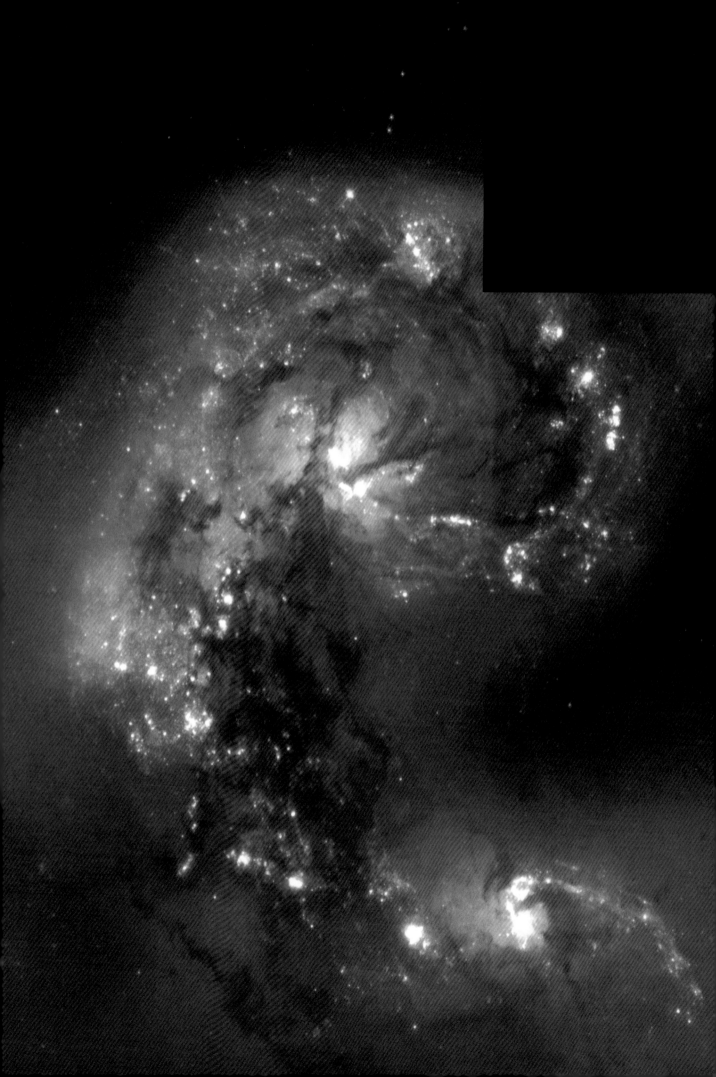

第五章　宇宙大碰撞

触须的核心

在照片中心左方与右方，被黑暗的尘埃细丝画上了十字线的橙色斑点，是孪生星系的核心。在重叠的区域，广阔混沌的尘带在两颗核心间展开。这庞大的星系碰撞，引发了恒星诞生的大爆发，刮起由光亮的蓝色星团所形成的螺旋图案。这触须星系（Antennae Galaxies, NGC 4038/4039）照片是1997年WFPC2所拍摄。

相比于星系以十万光年计的大小，恒星有如细小的粒子。在宇宙的漫长历史里，众多星系都曾发生过碰撞，甚至彼此合并。但星际间的距离始终很巨大，即使星系碰撞，两颗恒星间的直接碰撞机会也很小。反之，星际空间中的气体与尘埃却猛烈地发生相互作用，产生冲击波及触发恒星诞生的烟火表演。星系碰撞过程在电脑的模拟下，上演了一场由伟大而缓慢的引力作用所导演的星系芭蕾舞。

"我们居住在一个巨大的恒星系统——被称为银河系的星系中。"

我们居住在一个巨大的恒星系统——被称为银河系（Milky Way）的星系（galaxy）中。从外面看来，银河系是一个庞大的螺旋体，由多条长长的旋臂拥抱着中央核心而成。整个系统在慢慢旋转，在星体之间充斥着大量我们能看见的气体与尘埃，和一些我们看不见、未清楚是什么的"暗物质"（dark matter）。

远离中心，在一条旋臂上，银河系的边缘位置有一个细小的恒星系统，那是我们的故乡——太阳系。当我们仰望晴朗的夜空时，我们能看到其中最亮的约5 000颗恒星，它们大部分是最靠近我们的邻居，也有少数是比较远但本身亮度高的恒星。

因为太空被尘埃覆盖，使遥远的星光变得暗淡，我们的眼睛需要挣扎良久才能看到上千光年以外的星光。若没有望远镜的帮助，我们只能看到宽十万光年的银河系的冰山一角。银河系中有千亿之星，不少跟太阳相似，虽然千亿这天文数字看起来不可思议，但这仅是一个细小的开始，天文学家相信，在宇宙中也有上千亿个星系，这更加不能想像。那么全宇宙究竟有多少颗恒星？

伸手拿起一把沙，当中便有五万颗沙粒，即使把整个沙滩上的沙粒加起来，也仅能代表我们银河系恒星的数目。但宇宙中的恒星之多，即使我们把地球上所有沙滩上所有的沙粒都计算进去，仍只是一个接近的数字！

环状星系
AM 0644-741

像用钻石装饰的手镯，一环光亮的蓝星团包裹着本来是正常旋涡星系的黄色星系核。这编号为AM 0644-741的星系，是"环状星系"（ring galaxy）分类下的一名成员，那闪耀的蓝星环直径达15万光年，比我们的银河系还要大。环状星系是惹人注目的星系碰撞例子，星系结构会出现戏剧性的彻底改变，并触发新生恒星的诞生，这是由一个星系插入另一星系圆盘之类特定的碰撞所产生的。大质量、年轻而且炙热的恒星不断在环中诞生，因为新生恒星都是蓝色的，令星环看上去也是蓝色。此外，环中恒星茁壮成长的另一个证据是环中的粉红色区域，新生大质量恒星所放出的强烈紫外线使气体发出荧光，那里其实是较稀薄的、发光的氢气。

"人类的生命只不过是宇宙时间洪流中的沧海一粟。"

以数千计的星系作为背景，这个外形奇怪的星系有着一条长长的恒星流束（streamer），好像在太空中赛跑，如车轮经过迸发出的火花。这张星系UGC 10214的照片于2002年4月由ACS照相机所摄。ACS是对哈勃2002年3月进行的维修任务3B时所安装。照片中暗淡细小的背景星系，差不多可追溯至时间的开端，它们大量不同的形状代表着宇宙130亿年演化历史中的早期样本。

拾起一颗1毫米左右的沙粒，把它固定，以代表太阳的大小。若我们由这里启程步行至距离最近的恒星，那也得走上大半天，约30千米的路程。

所以，星系的大部分地方也只是虚空，若我们能够把银河系中所有的恒星都挤在一起，那么，我们轻而易举地便能把它们全部放进太阳到最近的恒星间的空间里。事实上，要填满整个空间，得需要放进整个宇宙中所有的恒星！

当我们仰望夜空时，宇宙看起来好像是静止的，这是因为我们人类的生命只不过是宇宙时间洪流中的沧海一粟。实际上，宇宙处于永恒的运动中，我们需要穷尽比一生更长的时间作观察，才能感受到星空的运动。

在足够的时间下，我们便能够看到恒星和星系的移动。恒星围绕银河系的中心公转，而星系则在引力的作用下互相吸引，有时候它们甚至会发生碰撞，哈勃就曾观测到众多星系的碰撞。

有很多原因，哈勃美丽的星系照片会使我们兴奋。星系的旋涡形状、星系中恒星和星云的柔和色彩、尘带中光与影的对比，都十分美丽；但这些宇宙岛屿所占的空间和时间规模之大，会让我们顿生敬畏。旋涡星系中的复杂细致结构，特别是相互作用中的星系，需要一个复杂而且动态的宇宙维系。比起人类渺小而短暂的生命，哈勃每张照片也只是宇宙缓慢演化中独立事件的写照。

星系中的不同颜色有什么意义？

这本书中大部分的星系照片均是以接近真实所见的颜色构成。光线主要由恒星发亮而来，数量相对少的大质量恒星非常炙热，它们发着蓝光，而且非常光亮。虽然它们的数量较少，但却供应了星系中大部分的光线。这些大质量的恒星生命比较短暂，可以在星际育婴室的气体和尘埃中找到。它们所放出的紫外线激发周边的气体，并以不同的颜色明亮地绽发光芒，最明显的包括发红光的氢气和发绿光的氧气。质量没那么大的恒星相对较多，它们则发放较柔和的色彩，由蓝白至橙红，由它们的质量和温度所决定。齐全的、不同颜色所构成的调色板，则由尘埃所补充完备。当光线经过尘埃气体云后，光度会变暗，颜色也偏向红，原理与落日有少许相似。特别在恒星的育婴室中，我们通常会看到带有褐色痕迹的尘埃。

两只老鼠

距离我们3亿光年后发座
的位置，这对碰撞中的星系各
自长出一条由恒星和气体组成
的长尾巴，因而得到"老鼠"的
称号，否则只有NGC 4676的
编号，而这对星系最终会结合
并成为一个独立的巨型星系。

"就像漫漫长夜中行驶在星海的巨轮，星系会悄悄地走近，最后不可逆转地相互交织在一起。"

就像漫漫长夜中行驶在星海的巨轮，星系会悄悄地走近，直至它们间引力的相互作用，开始把其塑造成复杂的结构，最后不可逆转地相互交织在一起。这是一场由引力所编排的美轮美奂的宇宙舞蹈。当两个星系发生碰撞时，它们不像一场车祸，或是两个桌球的相撞，而较像扣在一起的两根手指头。星系中大多数的恒星在碰撞的过程中会安然无恙，因为恒星间的距离巨大，两颗恒星真正相撞的机会非常小。

在最坏的情况下，引力会把它们连同气体尘埃一起抛出，形成长长的流束（streamer），绵延数十万光年，甚至更长。两个星系被困在它们致命的引力枷锁中，会继续互绕，撕扯出更多的气体和恒星加进到它们的尾巴。最后，再经过上亿年，两个星系最终会合并成为一个星系。

我们相信，很多现存的星系包括银河系，都是过去由许多较小的星系经过数十亿年的结合而形成的。由星系间巨大猛烈的相互作用所触动，恒星从一大片气体烈焰中诞生，形成壮丽耀眼的蓝色星团。

我们的银河系也将要跟另一个离我们最近的大星系——仙女座大星系（Andromeda galaxy）相撞，它们正以每小时50万千米的速度互相接近，并在30亿年后发生正面碰撞。这直接的碰撞，

仙女座大星系与银河系的相撞

若从地球上看过去，仙女座大星系与银河系30亿年后的情况就像这样。

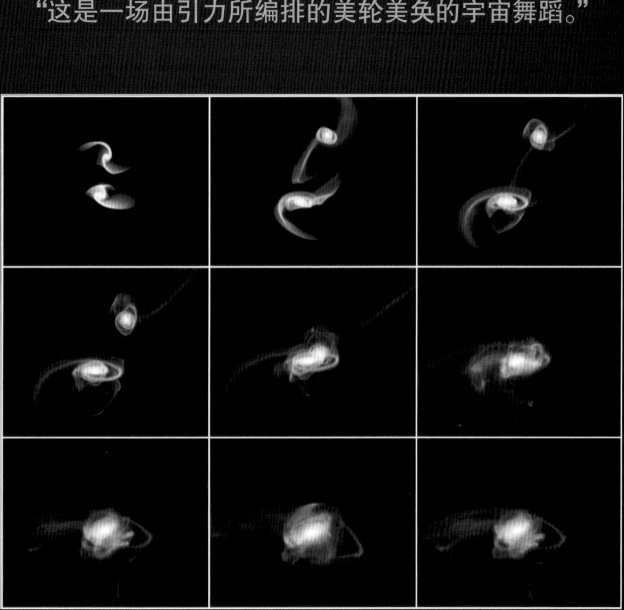

NGC 1316 中的尘埃与红星团

出人意表的、复杂的宇宙尘埃圆圈和斑点，弥漫于巨大椭圆星系NGC 1316中，它过去激烈的历史在多方面均有迹可寻。在哈勃的照片中，星系的内部区域展示出一个由尘带和斑片组成的复杂系统，相信是由它过去所吞食的旋涡星系所留下的星际空间遗骸。另外，分散在星系四周的红色星团，为数十亿年前一次两个旋涡星系的相撞合并提供了清晰的证据。

第六章 太空怪兽

甜圈冬甩及超级黑洞

这是画家笔下环绕超级黑洞的尘埃环面（dust torus）。潜伏在活跃星系（active galaxies）中心的黑洞，形态与地球上猛烈的龙卷风无异。正如龙卷风，碎片以旋涡形态环绕中心旋转，在黑洞周围也出现了围绕着其腰间的尘埃环面。在一些情况下，天文学家可以从上或从下沿着转轴的方向看见整个尘埃环面，并瞥见黑洞的概况。这类正面的类星体在学术上分类作"I型源"（type 1 sources）；至于"II型源"（type 2 sources）则是从地球所见侧向（edge-on）的尘埃环面，因为角度的不同，由红外线至软X射线的所有谱段，II型源类星体的黑洞均完全被尘埃所阻挡。

当万有引力强于其他力量的时候，物质就会形成黑洞。我们所发现的黑洞，一类是出现在大质量恒星的死亡残骸附近，而另一类是原来的加强版，出现在几乎所有星系的中心，简称为超级黑洞的特大质量黑洞（supermassive black holes）。黑洞是不可思议的天体，它们怪诞的特性令四周的物质和光也受影响。超级黑洞中最引人注目的例子正是类星体（quasars）。物质被拉扯进类星体中心巨大的黑洞，其间的吸积（accretion）过程令它的光度远远超出星系本身千亿颗恒星光度的总和。

"就连光也无法逃脱，我们无法看见也无法得知内里到底有什么，那又怎么知道它们的存在呢？"

即使黑洞存在的假说已经有超过200年，但在这理论背后的原则就是黑洞是"黑"的，因此我们不可能直接观测到它们。直至X射线人造卫星探测到被黑洞吸食，过热气体所发出的X射线，才暗示了黑洞的存在。借着哈勃的高分辨率让我们看到巨大黑洞附近的物质受引力作用的影响，而且又显示了近乎所有星系的中心均有黑洞存在。这些发现对星系形成与演化理论有重要启示，让我们知道黑洞在这过程中担当了"种子"的角色，启动着星系的形成。

黑洞是宇宙中的神秘恶魔，它们会吞噬一切走近它们的东西，更不容许任何东西逃出它们的引力堡垒，就连光也无法逃脱，我们无法看见也无法得知内里到底有什么，那又怎么知道它们的存在呢？

黑洞本身是不可能直接被观测到的，但天文学家可以通过黑洞巨大的引力对四周所产生的影响，进行间接观测。

天文学家相信黑洞是宇宙中的奇点（singularities），它们的结构非常简单，但背后的物理却非常复杂。它们没有体积、没有范围，但密度却无限大。质量为太阳数倍的巨大恒星死亡时发生的塌缩是黑洞产生的途径之一。

巨大质量恒星死亡塌缩后的尸体，质量实在太大，自然界中没有任何力量能够阻止它们把自己压缩成无穷小的体积。它们最终表面上会消失掉，实际上却被挤压成"无"，隐藏着巨大的引力，当恒星或其他天体靠近它时都会被拉扯进去。

每一个黑洞都有一个不归点，称为"视界"（event horizon）。一旦有物质比如一颗恒星，被拖进这个范围，便从此消失。若一颗不幸的恒星逐步接近视界，它会注定毁灭地依着一条螺旋死亡轨道迎接末日的来临。

即使仍有一段距离，当恒星走近黑洞时，恒星离黑洞最近的部分会比其他部分感受到更大的吸力，因而把恒星引向黑洞中心并加以拉长。最后，巨大的潮汐力会令恒星在未到达黑洞前便被撕裂成碎片，并最后被黑洞吞噬掉。

黑洞这类天体也有其他古怪的一面，它能够令时空扭曲，甚至令时间的流动减慢。虽然任何物体的质量都会使时空的结构改变，但黑洞却把这一点发挥得淋漓尽致。

黑眼星系

M64 是两个星系碰撞后的合体恒星系统，光亮的星系核心前有一道壮丽的黑带，由吸光的尘埃组成，因此有"黑眼星系"（Black Eye Galaxy）的俗称。在这张哈勃太空望远镜所拍摄的M64，影像的中央部分，细致的黑带清楚可见。哈勃发现超级黑洞存在于大部分星系的中心，正如黑眼星系。

"虫洞实质上是一条穿越时空的捷径。"

根据爱因斯坦著名的广义相对论,如果一个无惧的旅行者造访黑洞,并能够停在视界上游览而没有被黑洞所吞噬,那么当他回程时,会发现自己比没有尾随他的同团团员年轻。

也许天文学家所假想的,最引人兴趣的天体莫过于虫洞(wormholes)了。虫洞实质上是一条穿越时空的捷径,由宇宙的一点连接到另一点。若它们真的存在,也许有一天会令来往宇宙中不同空间的旅程,变得比以光速行走于正常空间还要快捷。

哈勃的高分辨率揭示了黑洞对周遭环境的扭曲现象。哈勃显示很可能几乎所有星系的中心都有超级黑洞,在我们的银河系中心就有一个巨大的、特大质量的黑洞,也许比普通巨大质量恒星塌缩而成的大数以百万倍。它可能在过去发出过更耀眼的光芒,令星系看起来变得非常活跃。我们现在知道这超级黑洞能够在千百万年间扩大或缩小,这事情也可能发生在将来。

我们的超级黑洞可能是在星系久远的历史中由众多恒星型黑洞合并而成。当两颗星系发生碰撞时,它们各自中心的超级黑洞会上演一场精心编排的舞蹈。在星系合而为一之后的一段长时间里,它们的超级黑洞仍会继续互相围绕运转数亿年,直至最终猛烈合并成一个极大质量的黑洞。这最终过程的威力实在太强大,连我们也可能探测到时空结构的改变,通过新诞生的引力波(gravitational wave)望远镜或轨道探测器,在可见的将来我们或许能看见黑洞相撞时时空中的搅动。

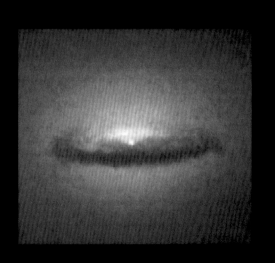
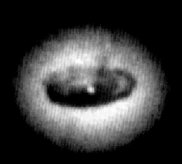

环绕超级黑洞的圆盘

哈勃使用WFPC2展示了两个活跃星系——NGC 7052及NGC 4261的核心,气体和尘埃圆盘环绕着它们的腰间成为它们的燃料仓库,驱动着类星体发光发亮。

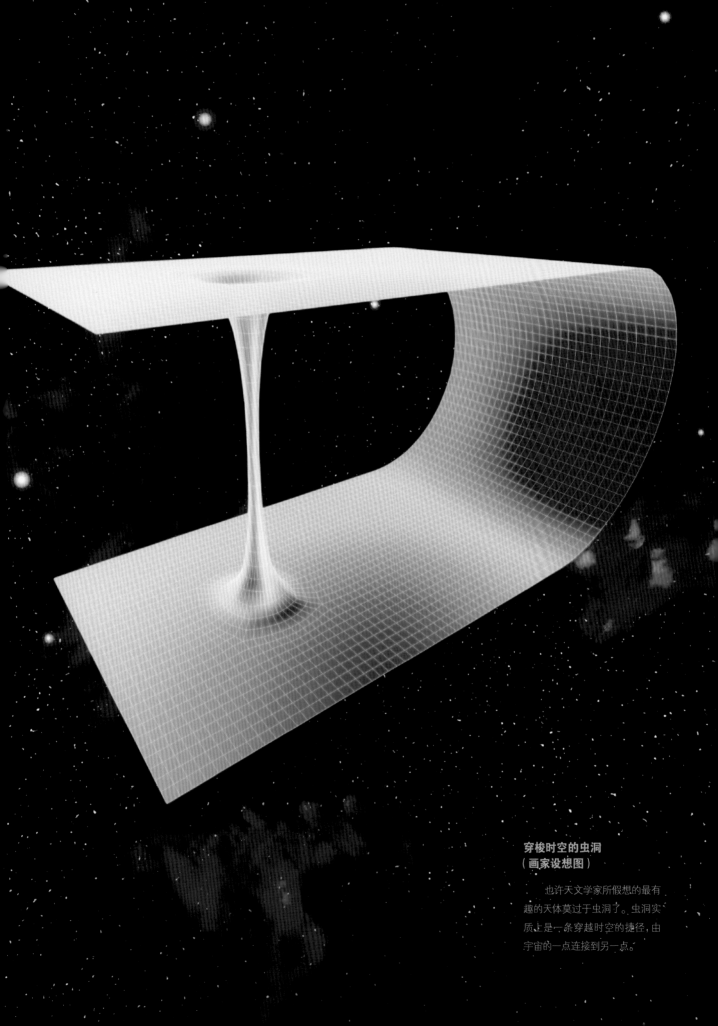

穿梭时空的虫洞
（画家设想图）

也许天文学家所假想的最有趣的天体莫过于虫洞了。虫洞实质上是一条穿越时空的捷径，由宇宙的一点连接到另一点。

"天文学家一直误以为宇宙是一个和平安宁的地方……"

可是，跟需要数百万年时间合并的星系相比，它们中心的超级黑洞天崩地裂的合并相对短促，因此看到这些事件的机会很少。

天文学家一直误以为宇宙是一个和平安宁的地方，直至最近几十年才改观。我们现在知道，这跟事实相距甚远。太空经常发生震慑人心的激烈事件，如超新星的爆炸、星系间的碰撞，以及大量物质闯进黑洞时巨大能量外泻等现象。

类星体（quasars）的发现让我们首次能够清楚地瞥视这些骚动。对于地基望远镜来说，类星体看起来像普通的恒星，这正是天文学家根据第一印象把它们命名为"类似恒星天体"（Quasi-Stellar Objects, QSOs）的原因。但是，类星体实际上的距离比恒星远得多，因此真实的光度也亮得多，它们是由超级黑洞所驱动的星系，比正常星系亮1 000倍以上。

哈勃已经观测过不少类星体，并发现它们的共通点都是居住在星系的中心。现今大部分科学家普遍相信，类星体的中央是一个超级黑洞，并由其所驱动，而这些黑洞的质量更达太阳的十亿倍。

当恒星运行至太接近黑洞的时候会被它拉扯下去，好比水流进一个巨大的宇宙水槽一样倾倒而下。不断呈螺旋运动的气体形成了一个很厚的圆盘，气体在向黑洞自由下落的过程中被加热至高温，能量以庞大的喷流向圆盘的上下喷发。

类星体在广泛类型的星系中也有发现，当中发现的大部分都正发生猛烈的撞击。点燃类星体的机制看似有多种方式，例如一对星系的碰撞能够触发类星体的诞生，但哈勃显示，即使看起来正常、未受干扰的星系也有隐藏着类星体的例子。

由超级黑洞所驱动的类星体

驱动着类星体发出巨大能量的旋转超级黑洞，普遍都被一层厚厚兼不透光的尘埃气体腰带所围绕，这个圆盘会慢慢把物质喂食给中心的怪兽。在某些角度下，类星体隐藏在厚厚的尘埃圆盘的背后，避开了我们的直接观察，我们只能够用间接的方法才看到它们产生惊人能量的情形。天文学家花上了数十年时间，才意识到那些视野严重受阻的星系核，跟耀眼的类星体其实是同一类天体，区别只是观看的角度是从侧向的"赤道"，还是从正向的"两极"。

宇宙探射灯

　　这是自然界中一个让人最惊叹的现象,一条由黑洞所驱动,由电子和其他亚原子粒子(subatomic particles)组成的喷流以接近光速由M87星系的中心涌出,就像一盏宇宙探射灯。由这张哈勃望远镜的影像所见,蓝色的喷流跟星系黄色的光芒形成对比,星系的光由数以十亿计的恒星和星团的点源所合成。M87距离地球5 000万光年,位于中心的怪兽超级黑洞,至今共吞噬了比太阳大20亿倍的质量。

"释出的能量足足等于整个银河系数个世纪所辐射的总能量。"

但类星体并不是天文学家发现的唯一高能量天体，寻找其他东西的时候，一些无意间的发现，往往就改变了天文学的发展进程。20世纪60年代末期，美国的军事卫星在监视苏联的核试验时，无意中发现了伽马射线暴（Gamma Ray Bursts, GRBs）。卫星并没有寻找到人类所制造最具破坏力的引爆，反而发现了宇宙中威力最大的爆炸。

这些令人震惊的高能量伽马射线爆发，来自天空中任意方向，并至少每天探测到一次。虽然伽马射线暴只持续数秒，但所释出的能量足足等于整个银河系数个世纪所辐射的总能量！

人类肉眼不能看见伽马射线，我们需要通过特殊的仪器才能探测到它们。30年来，没有人知道到底是什么引起了这些爆发。就好像我们看见伽马射线的子弹掠过地球，却无法瞥见发射它们的武器。联合世上所有其他的望远镜，哈勃多年来一直致力于寻找它的源头，观测天空中曾发生伽马射线暴的位置，看看那里是否有任何天体，可惜却一无所获，直至1999年。

哈勃发现超新星SN 1998bw的位置跟伽马射线暴GRB 980425是源自同一位置，科学家开始察看这两种天象之间的物理关系，哈勃关键性的观测认定了这些恐怖的爆炸源自很遥远的星系。

伽马射线暴可能是由巨大质量恒星最后激变的塌缩过程所产生的爆炸，或是由两颗高密度的天体猛烈撞击造成，例如两颗黑洞，或是一颗黑洞与一颗中子星的碰撞。

黑洞绝对是宇宙间最恐怖怪诞的天体，除了对物质有影响外，还通过庞大的引力场令光线转向，以引人注目的方式来证明它们的存在。

实际上，走近黑洞的光线不会以直线行走，而会被扭曲至新的路径，因此黑洞也是一台天然的望远镜，能够透视我们想像之外的太空更深处。

伽马射线暴（画家设想图）

伽马射线暴由军事卫星所发现，它来自天空中任意方向，多年来其成因是一个谜。在哈勃的帮助下，这些难以理解的爆发源，现在已被验明为来自遍布宇宙的星系。这张画家笔下的设想图阐释了爆发事件在寄主星系（host galaxy）上毁灭性的影响。

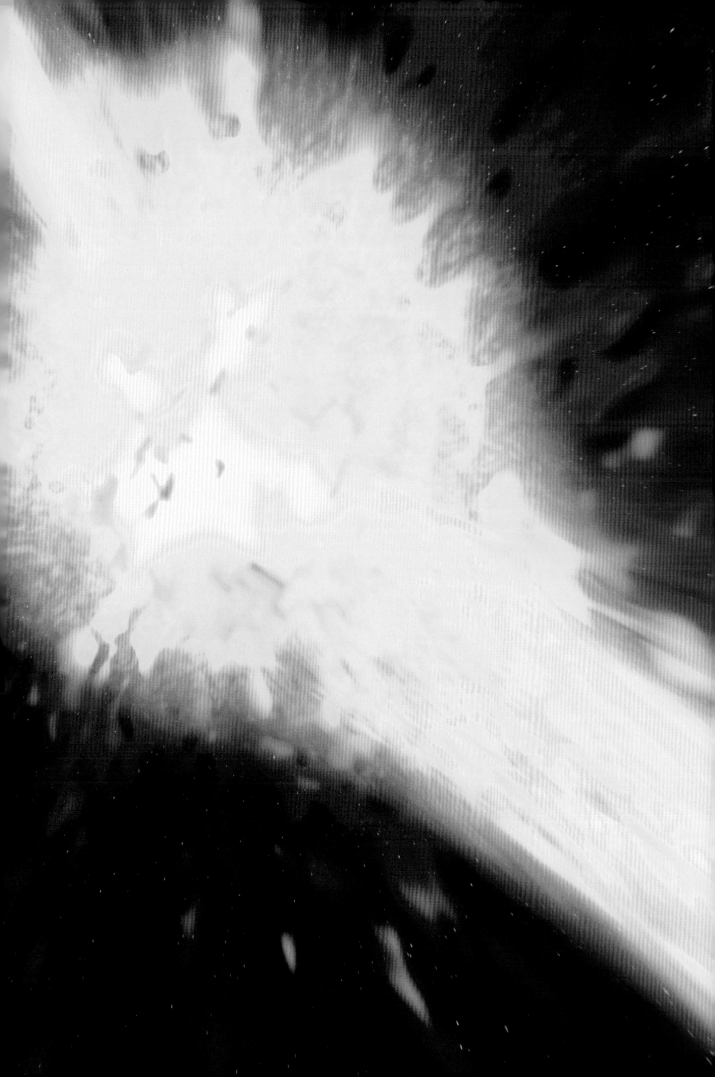

第七章 引力幻象

光线并非永远以直线行走，爱因斯坦的广义相对论曾预测，当有足够质量的天体如星系团的存在，便能令空间的结构改变，致使经过的光线会以略为弯曲的路径行进，这种现象被称为"引力透镜效应"（gravitational lensing）。因为星系团Abell 1689太重，所以令背景星系的光线被它的引力屈折成上百条引力弧（gravitational arcs）。

爱因斯坦理解到物质能够使经过的光线折曲，大量聚集的物质在这一效应上则更为显著。若他仍然在世，并有幸看到哈勃所拍摄的美丽的星系团影像，一定会感到无比震撼和惊叹。星系团是宇宙中最多物质结合的集团，它们担当着"引力透镜"（gravitational lenses）的角色，把非常遥远的星系影像放大并扭曲成为弧状（arcs）和多重影像。只要加以量度，利用引力透镜能够测绘宇宙中正常物质与暗物质的分布。在一些情况下，引力透镜更加能够用作望远镜，放大正常情况下所不能探测的暗淡天体，呈上早期宇宙的深处图画，展露最遥远天体的景象。

"引力能够令空间扭曲，继而影响光线行走的路径。"

犹如在沙漠中的流浪者看见海市蜃楼一样，盘旋在沙上的热空气令光线折曲使人得以看见遥远的景物，我们在宇宙中也可以看到海市蜃楼。不过，现代望远镜如哈勃太空望远镜所见的海市蜃楼并非源自热空气，而是由遥远的大量物质集结的星系团所形成。

很久以前人们认为地球是平的，这不难理解，因为我们在日常生活中不会看见这世界是弯曲的。同样道理，宇宙实际上也有弯曲的空间，即使我们在星光灿烂的夜空中看不见扭曲，但宇宙空间的曲率却产生了我们可以观测的现象。

其中一项是爱因斯坦的预测，就是引力能够令空间扭曲，继而影响光线行走的路径，情形就如同涟漪在一个池底布满起伏不平沙粒的池塘上，透过波纹而出现在池底的光线显示出扭曲的蜂巢图案一样。由遥远星系而来的光线，在沿途经过大质量星系团的引力场时，会被扭曲和放大，看起来就像在看一块巨大的放大镜，这种现象称之为引力透镜效应（gravitational lensing）。

光线遇上大质量天体时，会基于该"透镜体"（lensing body）的特性，而形成不同的怪诞图案，因此背景天体经过透镜现象后能够以多种形态出现。

虽然爱因斯坦早在1915年便意识到太空中会出现这种现象，但他认为在地球上永远不能观测得到。然而在1919年，一支由英国著名天文学家阿瑟·爱丁顿爵士（Sir Arthur Eddington）所率领，前往邻近非洲西岸的普林西比岛（Principe Island）的日食远征观测队，在日全食发生时观测被遮挡的太阳四周恒星的位置。结果发现，恒星的位置对比在太阳不存在的时候，向外移动了一个小距离，这个距离虽小但却能够测量到，就是这样，证实了爱因斯坦的计算结果是正确的。

现在，我们可以使用地球上最佳的望远镜——目光锐利的哈勃，观测到在遥远宇宙深处暗淡天体的引力影像。

受地球大气的影响，不少地基望远镜里看上去模糊、暗淡及遥远的引力透镜现象，在哈勃的高灵敏度和高分辨率下能够观测到。原本外貌正常的星系，在引力透镜效应下会出现多重影像，或为数不少且极具代表性的扭曲香蕉形状影像。哈勃是第一台能够分辨出引力弧在多重影像下细节的望远镜，它直接揭示了被透镜成像的背景天体的形态和内部结构。

引力透镜

　　基于透镜体的不同形状，引力透镜能产生出不同形状的影像。若透镜是球体状，会出现一个名为"爱因斯坦环"（Einstein ring）的影像，看起来是光环状（上图）；若透镜是狭长的，会出现一个名为"爱因斯坦十字架"（Einstein cross）的影像，看上去是个一分为四的影像（中图）；若透镜是一个星系团，那么会形成香蕉状的弧（arcs）和细弧（arclets）影像（下图）。

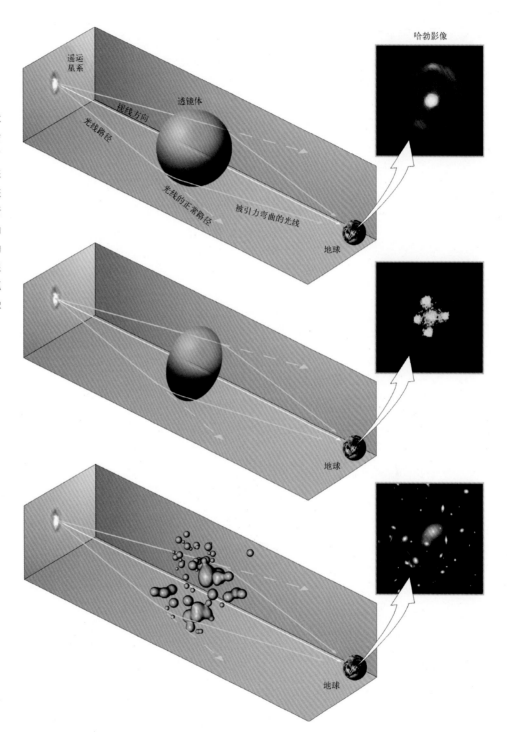

哈勃影像

遥远星系

透镜体

视线方向

光线路径

光线的正常路径

被引力弯曲的光线

地球

地球

地球

星系团Abell 2218

　　这张照片展示了在WFPC2眼里，整个星系团Abell 2218的概况。这张照片是哈勃于1999年，维修任务3A完成后立即拍摄的。大质量的星系团就像宇宙的放大镜，把更遥远星系的影像扭曲，制造出无数的细弧。

在画家的设想下，类星体在大爆炸（Big Bang）后数亿年，处于原始星系（primeval galaxy）中的情形。天文学家使用哈勃在三个类星体中发现了大量的铁，这是首次发现的相信是由首批恒星所产生的元素，这些恒星为初生黑暗的宇宙带来光明。

2003年，天文学家根据一条在哈勃照片上的神秘光弧推测那是在宇宙中所见最大、最亮和最热的产星区。

即使有哈勃惊人的视力，要令空间能够有如此大的扭曲程度，并且让我们看见发生在宇宙深处的现象，也需要配合足够大质量的天体作为宇宙放大镜才行，例如星系团。星系团被认为是宇宙中受引力束缚下最大的结构，由上百或上千的星系集合而成，现在所观测到的大部分的引力透镜现象都出现在星系团附近。

天文学家知道，我们现在肉眼所见的宇宙实际上仅是所有物质的一小部分。万物之间存在着引力，这种力就像胶水一样把物质黏在一起，但单靠可见的物质的分量还不足以使星系和星系团内部的物质结合在一起，维持现在所见的形状。因此宇宙中必定还存在大量我们看不见的暗物质（dark matter）。

香蕉形影像的扭曲程度，取决于透镜的总质量，因此引力透镜效应可以用来称量星系团的质量。在一些哈勃所拍摄的清晰照片上，我们通常依靠肉眼把由同一背景星系所形成的不同的弧全部联系起来，以理解透镜体的本质。因此虽然我们看不见暗物质，也可以理解隐藏暗物质的分布。这一过程能让天文学家突破现在望远镜和技术的极限，详细研究年轻宇宙中的星系。

引力透镜更可以作为一种大自然的望远镜。2004年，利用引力透镜的放大功能，哈勃探测到宇宙中已知最遥远的星系。

最遥远的星系

这是星系团Abell 2218（102页所示）的特写，显示出它所担当的是自然界中最强的"引力望远镜"角色，把星系团核心背后的所有星系放大并扭曲（红色、橙色、蓝色的弧）。这自然的引力"望远镜"让天文学家看到一般情况下看不见的极度遥远或暗淡的天体。在照片中，一个新的星系被发现（被拆分成圆和椭圆标记下的两个影像）。这极度暗淡的星系非常遥远，它的光在前往我们星球的途中，因为红移（redshift）现象，被拉长到红外线波长上，致使观测它特别困难。这星系打破了宇宙中已知星系最遥远的记录，依判断距离我们130亿光年（红移值约为7，红移值愈大代表距离我们愈远），也就是大爆炸7亿5千万年后的模样，那时宇宙的年龄只有现在的5%。由于星系的光在经过高放大率的星系团时，星系团结构复杂成团的物质（黄色的星系），迫使光线以迂回曲折的不同路径行进的缘故，在这照片中，这遥远星系以多重的"影像"出现，包括一条弧（左）和一点（右）。图中不同的受透镜效应星系，它们的距离和星系类型的不同，影响到它们的颜色外观。例如橙弧是源自一个普通红移值（约0.7）的椭圆星系，而蓝弧是源自一个中级红移值（约1至2.5）的产星星系。

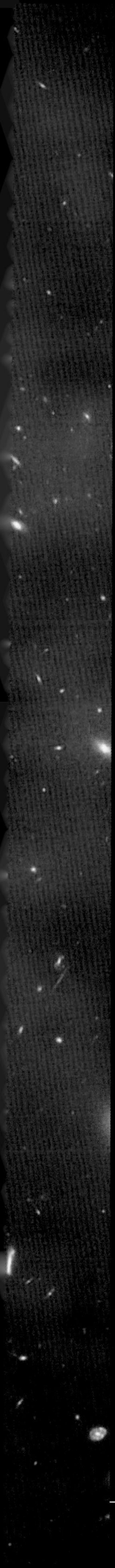

"相信在不久的将来，暗物质再不能逃避我们的法眼。"

　　我们可见的物质只占实际宇宙总物质的六分之一，余下的均是我们看不见的谜一般的"暗物质"（dark matter）。暗物质的问题已困扰天文学家数十年，它们不会发光也不反光，就像是宇宙间穿上了隐形服的神秘人，你既看不见也摸不到它。纵使如此，我们却仍可以通过蛛丝马迹知道它们的存在。暗物质仅会跟引力发生作用，它们的质量就是败露行踪的关键。

　　星系团（cluster of galaxies）除了由上千个星系组成外，星系间的高温气体也是构成星系团的重要成分。天文学家通过引力透镜能够详尽地反映出星系团中暗物质的分布，间接看到星系和气体外消失掉的六分之五物质。最近，天文学家更通过观测相撞中的星系团，得到了暗物质存在的直接证据。

　　2007年，一班来自世界各地的天文学家公布了一个令人震撼的观测结果，他们在距离我们50亿光年的星系团中观测到环形的暗物质结构，首次发现暗物质跟星系团中的星系和气体位置出现很大的分离和差异，天文学家相信这暗物质指环是我们正向（head-on）看到两个星系团在10至20亿年前发生碰撞后暗物质的余波，正常物质因为与暗物质的本性不同，因此出现不同的形态。这项哈勃的发现，是证明暗物质存在的最有力证据，并为现有的引力理论增添一份信心。

　　此外，2007年，另一组天文学家也公布了哈勃有史以来最大型的COSMOS巡天（survey）计划结果，同样利用引力透镜的方法，制作了首幅三维的暗物质地图。这项宇宙学上最重要的成果，让我们首次看到宇宙中暗物质的网状大型结构分布，这项历史性的成就准确地确认现在物质形成（structure formation）的理论，正常物质在暗物质的属地集结成团。通过三维地图，我们看到随着宇宙的演化，正常物质和暗物质也在引力的作用下成团，形成了丝状的网络物质分布。

　　天文学家估计，暗物质可能是尚待我们发现的基本粒子，最近有关暗物质的突破发现正为我们提供了理解神秘暗物质的重要线索。相信在不久的将来，暗物质再不能逃避我们的法眼。

暗物质指环

　　2004年，一班来自世界各地的天文学家把哈勃指向双鱼座，观测距离我们50亿光年，编号为ZwCl 0024+1652的星系团。经过3年多的分析，他们证实发现了星系团中的暗物质指环。在图片中可见5颗呈弧状的蓝色星系，其实它们全是同一个星系，现在所见的只是引力透镜下产生的幻象。天文学家就是利用引力透镜效应，测绘出暗物质的分布，图中所见的蓝色部分就是暗物质所在的位置，现在所见的影像就是与原来可见光影像的合成照。暗物质环的直径达260万光年，相信是10至20亿年前星系团发生撞击，暗物质冲向合并的星系团核心，然后反弹而成的余波。

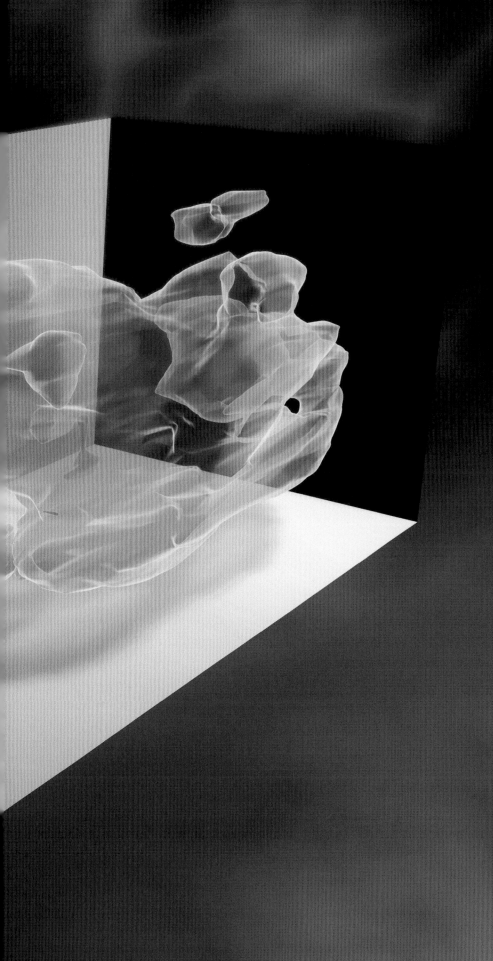

首张3D暗物质分布图

要绘制一幅宇宙地图，好比在晚间乘坐飞机从高空依靠观看街灯绘制整个城市的地图般困难，宇宙中大部分物质同样都是看不见的暗物质。哈勃进行了有史以来最大规模的宇宙演化巡天（Cosmic Evolution Survey, COSMOS），使用哈勃的ACS照相机，进行了1 000小时的曝光，拍摄了575张照片，覆盖了月球9倍的视面积，以引力透镜技术，再配以其他地基和太空望远镜的跟进观测，制成了首张3D暗物质分布图。这项历史性的成就展示了宇宙中的骨架，大部分以星系形成存在的正常物质在暗物质骨架上集结，分布图更与多年前测验星系的大规模分布时所得的结果不谋而合。图中所见，是COSMOS巡天对暗物质在宇宙演化中所得的分布图，由远至近分别是宇宙现在年龄一半的早期宇宙直至现时的宇宙。可见暗物质在引力的作用下，在时间洪流中塌缩成团。哈勃的观测可谓历史上的创举，为我们在黑暗的宇宙中提供了令人兴奋的新视野。

贯穿星系团的暗物质

在这张合成照片中称为子弹星系团（Bullet Cluster）的星系团1E 0657-56，距离我们34亿光年，位于船底座方向，是由两个星系团碰撞而成。由钱德拉X射线天文台所探测到的星系团高温气体以粉红色显示，它们是星系团中的正常物质；然而使用哈勃及其他望远镜的观测资料，通过引力透镜效应所测绘出的暗物质分布显示为蓝色，能顿时察觉出暗物质与正常物质分布迥然不同。这是天文学家首次观测到正常物质与暗物质间的分离，相信是在两个星系团相撞时，正常物质因为物质之间的作用而像受空气阻力一样减慢前进，但暗物质却不会与自己或任何物质发生作用，因此在撞击中直接穿透，形成与正常物质的分离现象。

第八章 宇宙的诞生与死亡

NGC 300 中的恒星

在邻近的星系NGC 300中，无数的恒星就像沙滩上挑出的沙粒，布满整张哈勃所拍摄的照片。纵使星系中的恒星离我们上百万光年，望远镜敏锐的分辨率能够把每一颗也看成独立的光点。NGC 300是一个旋涡星系，外形近似我们的银河系，它属于邻近的玉夫座星系群（Sculptor Group，以它所在的南天星座命名）中的一员。NGC 300距离我们650万光年，是我们银河系的近邻，在这距离，地基影像只能辨认出最亮的恒星。

望远镜就像时光机一样，因为光在茫茫宇宙中行走需要时间，所以当你望向远方，也就代表你回望过去的时间。就是因为这个原因，虽然直觉上难于理解，但我们的确只要借着哈勃进行数小时的观测，便能够看见宇宙形成初期的星系。而且，望远镜也可以指向邻近的星系，细看其中年老的恒星，这些恒星是在星系刚刚开始发亮的时候，在数十亿年前形成。哈勃也被用作搜集宇宙不同历史时期的资料，通过观测邻近的造父变星（Cerpheid variable stars, Cerpheids）和遥远的超新星，哈勃的数据能够测绘出宇宙大规模的特性与长久以来的历史，以此来判断宇宙的最终命运。

"谁没有想过在时间中旅行会怎样？"

　　在真空中，光行走的速度比任何东西都要快，但那仍是有限的速度。就是说，光线在太空中任何两点间行走，都需要时间。光速以每秒30万千米的速度行走，30万千米差不多等于地球与月球之间的距离，所以光需要一秒时间才由月球来到地球，我们所看到的月球是它一秒前的景象。

　　谁没有想过在时间中旅行会怎样？虽然有限的光速阻止了我们在时空中穿梭，但从另一角度看却是一件好事，它能够容许我们回望到过去。只要我们望向太空，静心等待从远道而来的光线，我们不用穿梭时空便已经可以知道它们的过去，光线展开旅程那一刻的情形。

　　威力强大的仪器如哈勃，让我们能够看到宇宙中距离更远和时间更久远之处，宇宙学家现在所能够看到的深空实在让人惊叹。20世纪20年代，天文学家哈勃发现大多数星系都正以它们与我们距离成正比的速度离我们而去。他发现距离越远的星系，离开我们的速度也越快，因而得出了宇宙膨胀的结论。

　　宇宙的膨胀源自上百亿年前一次名为"大爆炸"（Big Bang）的开天辟地的爆发。我们现在要推断宇宙年龄和大小，则它膨胀速度的快慢紧握着关键的钥匙，而这个比率我们称之为"哈勃常数"（Hubble constant）。通过"反膨胀"，把一切压回到宇宙诞生时的无穷小能量点，根据时光倒流的方法就可以估计到宇宙的年龄与大小。

　　起初，支持建造哈勃的最大科学理由就是为了断定宇宙的大小和年龄。为了探求准确的哈勃常数值，由"核心计划小组"（Key Project Team）所领导，并由一群天文学家使用哈勃寻找遥远的、精确的"量天尺"——一类被称为造父变星的特殊恒星，以找出答案。

　　造父变星具有非常稳定和可预测的光变周期，光度的变化严格地遵从恒星的物理特性，由此可以用来有效地推断它们的距离，因此，这类恒星也有"标准烛光"（standard candles）的称誉。造父变星因而被用作测量超新星距离的可靠踏脚石，超新星比造父变星更亮，能够在更遥远的距离看到，是我们测量古老宇宙的工具。

　　基于哈勃的高分辨率，它能够比其他仪器更准确地探测到超新星爆炸时的光芒。通常在地面所见的超新星影像都与其寄主星系融合在一起，然而哈勃却可以清楚地区分这两种光源。

我们宇宙的起源——大爆炸（画家设想图）

　　这个事件创造了宇宙的时间和空间，经过140亿年间的演化，成为我们现在所见的宇宙。

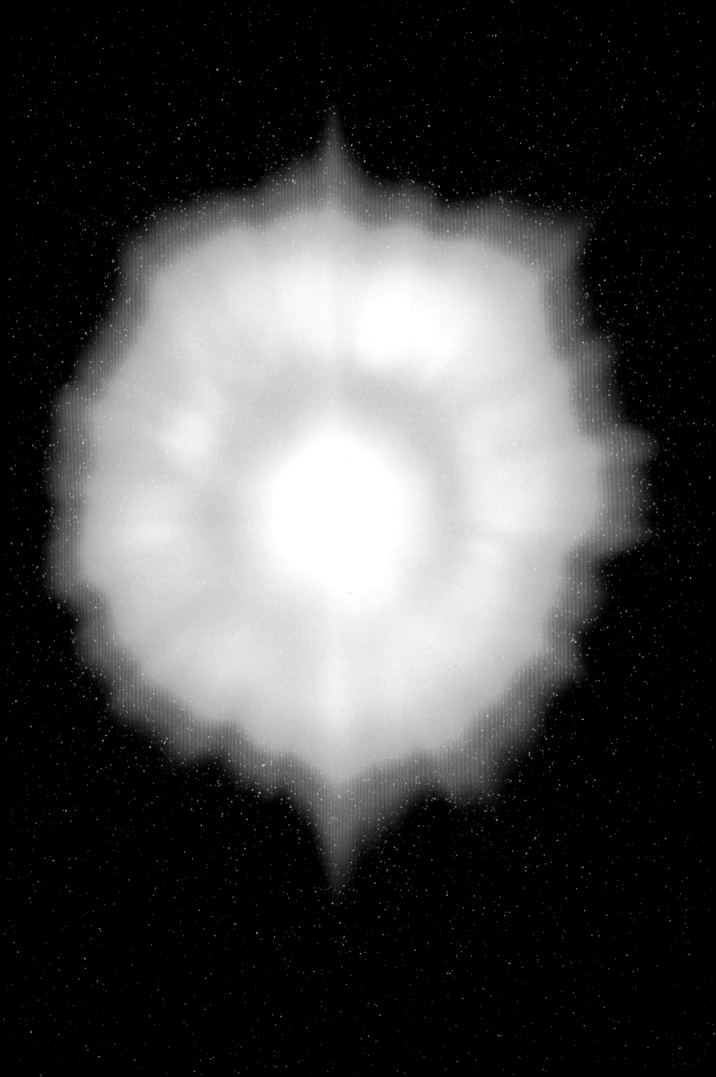

作为标准烛光的造父变星

　　数组天文学家曾使用哈勃对一类被称为造父变星的特别变星作观测。造父变星的光度改变非常稳定,科学家能够根据它的物理特性如质量、绝对光度作准确预测。这等于让天文学家只要通过测量这些恒星光度的改变,便能够有效地判断它们的距离。因此,宇宙学家把造父变星誉为"标准烛光"。现在所见到的宏伟的旋涡星系NGC 4603是使用哈勃所观测到的最遥远的造父变星星系。

"宇宙学家把这噩梦称之为'大解体'。"

造父变星与超新星成为测度宇宙尺度的工具，今天我们所知道的宇宙的年龄比以往更精准，约为140亿年。

借助哈勃，宇宙的膨胀速率，也就是天文学家称为"哈勃常数"的数值被测定。经过8年造父变星的观测，得出了结果：各方向离开的速率为你往远看每326万光年，每秒增加70千米（326万光年 = 1兆秒差距"Mpc"）。

多年来，天文学家们一直在讨论宇宙遥远的未来，究竟会是停止膨胀，并反过来在燃烧中的"大反冲"（Big Crunch）挤压塌陷，还是以愈来愈慢的速度永远地膨胀下去。结合哈勃和大部分世界顶级的望远镜，天文学家对遥远超新星进行观测并测算距离，得出了一个惊人发现：我们宇宙的膨胀不但没有慢下来的迹象，反而在不合常理地不断地加速膨胀。

当哈勃测算宇宙在不同时间的膨胀速度时，出人意表地发现宇宙演化历史的前半段，膨胀的速度正在减慢，但其后，神秘力量"反引力"把宇宙放进了加速器，开启了我们现在所见的加速情形。

这暗示了宇宙异常的结局，反引力的力量随着时间变得愈来愈强，若继续下去，最终会压倒所有引力并把宇宙推向疾快的加速，把万物撕裂，四分五裂至构成万物的基本粒子，宇宙学家把这噩梦称之为"大解体"（Big Rip）。

走近超新星爆发现场

　　一颗大质量恒星以2亿颗太阳的光度爆发，这颗超新星位于照片的右上角，它非常耀眼，很容易被误会为银河系的前景星。但这颗编号为SN 2004dj的超新星实际上存在于银河系以外，位于距离我们1 100万光年的星系NGC 2403边缘。虽然这超新星距离地球很远，但它是这十年间最接近我们的超新星爆发。哈勃敏锐的视力能够观测到其他望远镜较难观测的超新星。一般地面所拍摄的超新星影像会跟它的寄主星系融合在一起，而哈勃则能够分辨出两个源头，从而对超新星本身进行直接测量。

第九章　遥望时间的尽头

首批深空区观测

哈勃北和南深空区让天文学家首次窥视到远古宇宙的模样，并在现代天文学中触发了一场革命。影像中所见的一些天体，它们非常黯淡，观测它们有如要在月球上看到地球上一束电筒的光般困难。

通过拍摄长时间曝光、高分辨率的影像，哈勃创立了一门天文学的新分支，专门直接研究早期宇宙中星系的学问。"深空区"（deep field）是通过长时间曝光所进行的观测，现在世界各地的天文学家都在对哈勃所拍下的深空区进行详细研究，并使用最大的地基望远镜进行跟进观测，务求能全面纵观地理解宇宙历史里星系的形成与随后的演化过程。

"把世界上最精密的望远镜连续10天指向同一个天区，听起来也许有点匪夷所思……"

就像地质学家在地底更深处挖掘以寻找更古老的化石一样，天文学家为了见证更久远的年代，也通过寻找更遥远、更暗淡天体发出的光线，不断朝着时间起源一直"挖掘"，我们现在正不断从时间的更深处收集一些来自远古独一无二的讯息。

在1995年的圣诞节，哈勃揭开了被称为"天文考古学"（astroarcheology）研究的新纪元。1995年底，一群天文学家作出一个大胆创新的尝试，他们把世界上最精密的哈勃太空望远镜，首次连续10天指向同一个天区作观测。这听起来也许有点匪夷所思，就连很多天文学家都持怀疑态度。当这个实验首次被提出时，没有人真正知道这会否带来任何有意思的科学结果。但是，当天文学家细看首张照片时，都被它惊呆了！仅照片中一个细小的区域里，就有超过3 000多个星系。

这称为深空区（deep field）的观测，是指向天空中某个特定位置进行长时间曝光，目的在于借着长时间不停累积收集光线，从而揭示出暗淡的天体。宇宙中的天体看起来暗淡的原因有二，一是其自身的亮度低，二是因为它们的距离太远。所以，当我们进行观测的时间越久，就代表所能够看见的天体越暗。

在首张深空区中所见的上千个星系，位于演化中的不同阶段，它们就像是串联起一条延绵数十亿光年的长廊。通过警视处于不同时期的星系，我们就能够研究它们在时间洪流中的演化。

这个深空区的观测点位于大熊座的北斗七星里，是经过精挑细选下尽量空无一物的区域，以使哈勃观测时能够避开银河系中的恒星和邻近的星系。

深空区

深空区是对一个选定的天区作非常长时间的观测，旨在通过长时间收集这一天区所发出的光，找出暗淡的天体。观测所需曝光的时间愈长，探测到的景象就愈"深"，所能看见的天体就愈暗。宇宙中的天体看起来暗淡，若非其自身的亮度低，就是因为它们的距离太远。

进行深空的观测，望远镜不会指向同一个位置，开启快门后维持数天甚至数星期长时间曝光。实际上，望远镜会以每次微小的移动，分割多次进行观测。当抖动下的曝光被合成后，所得出的影像能够免去很多单一曝光时出现的细小瑕疵，这称之为"抖动法"（dithering）。通过进行多次的曝光，我们可以鉴定和排除往往是宇宙中高能量粒子与观测仪器相撞后留下曝光余迹的所有"假星"。

哈勃超深空区特写

这些由超深空区中接近10 000个远古星系中选出的星系特写，展示了在星系生命中一幕幕的演出。每格均被凌乱、形态怪诞的星系所覆盖，它们全都显示出遭受到近邻星系的强烈影响。

　　当首张深空区完成后,另一张长时间曝光的照片就选址在南深空区进行拍摄,结合哈勃北深空区（Hubble Deep Field North, HDF-N）及哈勃南深空区（Hubble Deep Field South, HDF-S）,它们共同为天文学家提供了窥视宇宙形成初期的窗口。

　　这两张哈勃深空区照片在现代天文学界中掀起了一次翻天覆地的革命。当首次深空区的观测进行后,几乎所有位处地面和太空的望远镜都花相当长的时间指向了这同一天区作不同角度的全方位观测。由多种不同大小、位于不同环境、对不同波段有不同灵敏度的仪器所作出的共同协作,往往能够得到一些最有意义的天文成果。

　　它们让我们首次清楚地知道宇宙中不同时期的恒星诞生率,恒星诞生的高峰期出现在宇宙历史的前半部,那时候所形成的恒星数目比现在的高出十倍以上。无独有偶,那时候也是类星体盛行的时期,那时的类星体的数目比现在普遍多上百倍。

　　既然天文学家开启了一道前所未见的宇宙深空大门,他们就不会停下脚步并试图把观测的极限推向更早的时代。在2003和2004年,哈勃进行了史上曝光最深的观测,得出了哈勃超深空区（Hubble Ultra Deep Field, HUDF）。这是一张总曝光时间为28天的照片,比先前的HDF-N及HDF-S所见的还要深,所探索的年代还要久远。

哈勃超深空区

2004年所拍摄的哈勃超
深空区，它是人类所能窥视的
最深最远的可见宇宙写照。它
展示了自大爆炸后不久出现的
首批星系，首批恒星把黑暗、冰
冷的宇宙从"黑暗时代"（Dark
Ages）中重燃。HUDF中那一些
可能是历来所见最遥远，自宇宙
诞生后4亿年就已存在的星系。

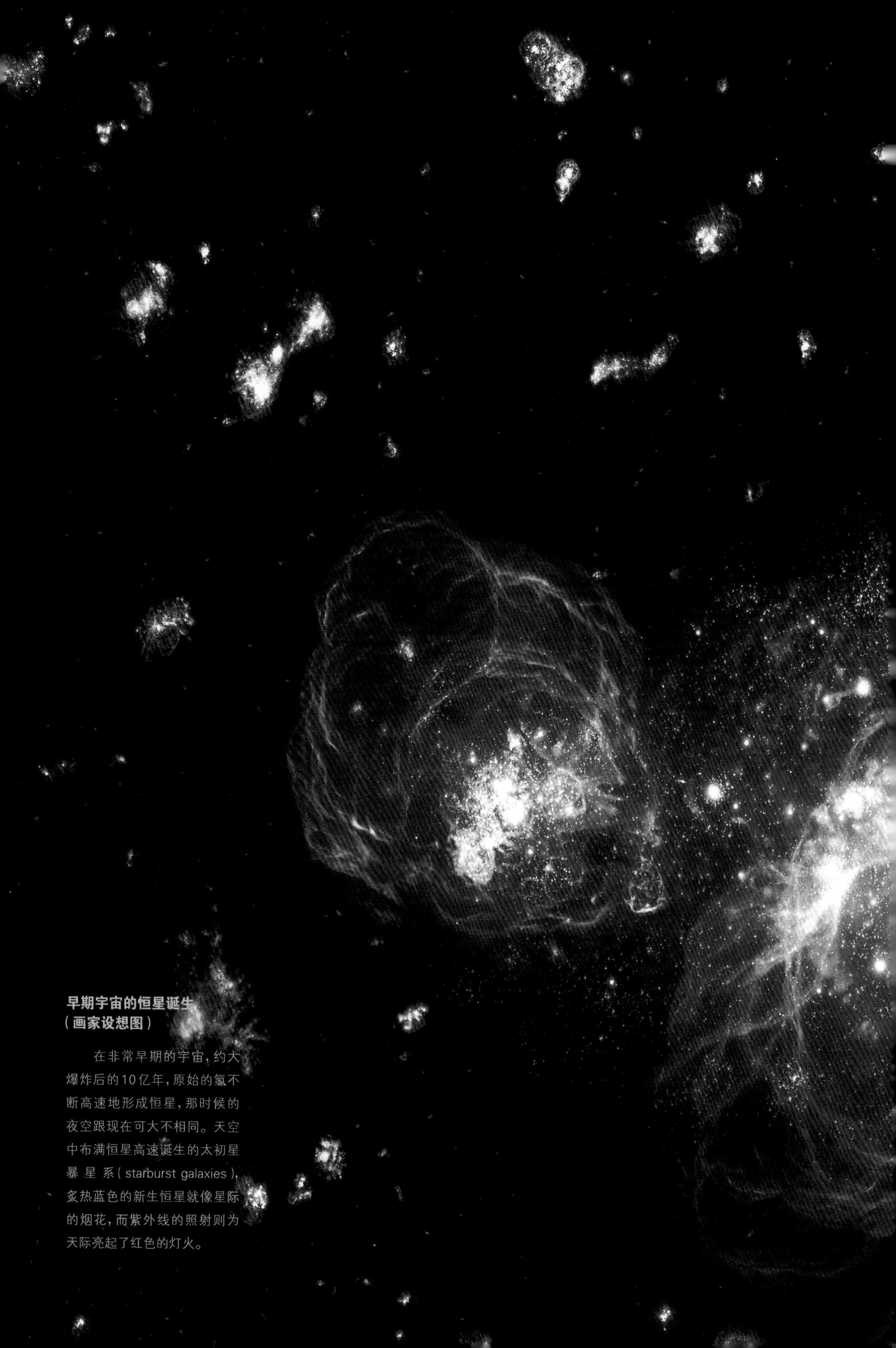

**早期宇宙的恒星诞生
（画家设想图）**

在非常早期的宇宙，约大
爆炸后的10亿年，原始的氢不
断高速地形成恒星，那时候的
夜空跟现在可大不相同。天空
中布满恒星高速诞生的太初星
暴 星 系（ starburst galaxies ），
炙热蓝色的新生恒星就像星际
的烟花，而紫外线的照射则为
天际亮起了红色的灯火。

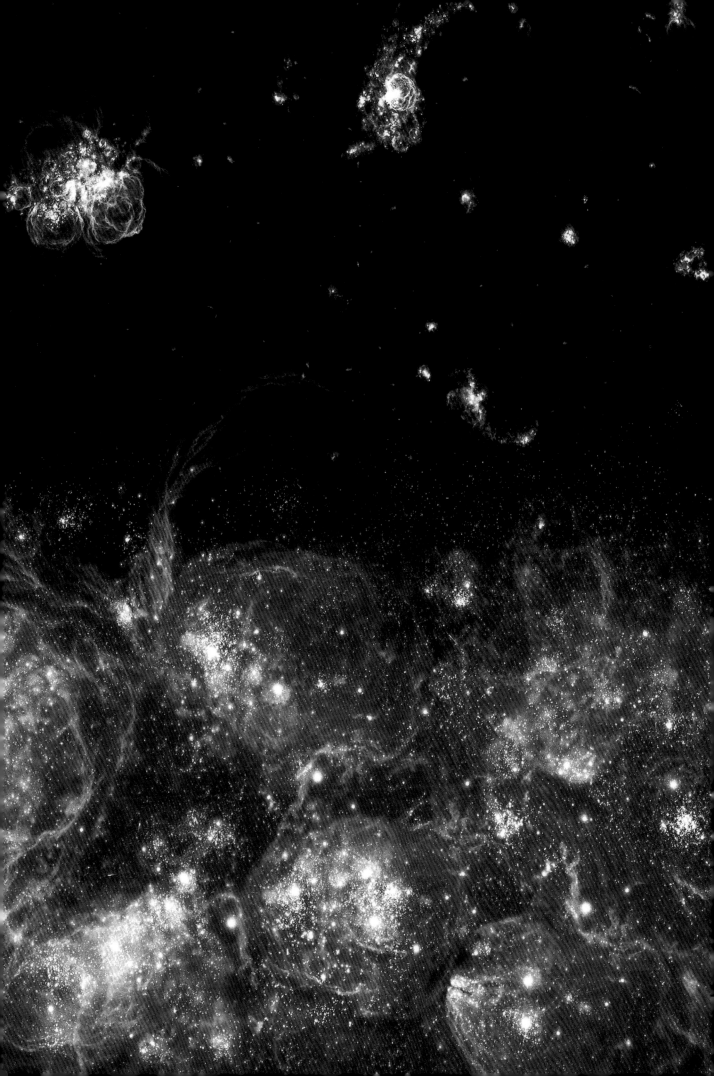

"哈勃伟大的传奇故事，拓宽了我们的眼界，让我们欣赏和体会到大自然的奥妙和美丽，不仅宇宙深处让人叹为观止，我们四周的大自然也是如此动人。"

哈勃超深空区捕捉了自"黑暗时代"后首批形成的星系，那是大爆炸后不久，首批恒星重燃冰冷、黑暗的宇宙的时候。原本在宇宙诞生后，新生宇宙的高速膨胀时期，恒星和星系尚未形成前，物质的分布还比较平均，但随着时间的增加，引力（gravity）作为宇宙间所有力的王者，对万物一点点地慢慢地起作用。

在神秘暗物质的引力影响下，一小团一小团的正常物质开始在密度比平均稍高一点的区域凝聚。当宇宙正处于黑暗时期，太空中仍没有星星的时候，在物质团块密度比较高的地方，会吸引更多的物质，一场空间膨胀与引力之间的角力赛随之展开。在引力战胜了的地方，那些区域就会停止膨胀并开始自我塌缩。就是这样，首批恒星和星系诞生了。物质在宇宙中呈巨大的网络分布结构，它们之间的汇聚点是物质密度（matter density）最高的地方，我们所知宇宙中最大型的结构——星系团，就在此时形成。

深空区照片里布满了大量大小不同、形状多变、颜色各异的星系，天文学家会用上数以年计的时间来研究照片上无数奇形怪状、颜色独特的星系，以了解它们在大爆炸以后是如何形成和演化的。

对比起大量司空见惯的旋涡和椭圆星系，还有众多形状稀奇古怪的星系散布在深空区照片之中。有些像牙签，有些像手镯上的扣环，还有几个看起来像是正在互相作用中的星系。它们奇怪的形状与我们今天所见四周优美的旋涡和椭圆星系大不相同，这些古怪的星系代表了一段宇宙非常混沌的时期，它们才刚开始由细小的星系慢慢进行合并，那时候，星系间的秩序和结构才刚刚开始建立。

哈勃最伟大的地方之一，就是它众多的仪器能够同时进行观测，哈勃超深空区实际上是由ACS和NICMOS两台仪器所拍摄的两张独立照片。由于宇宙膨胀的关系，距离最遥远兼前所未见的天体所发出的光线会被拉长并且减弱，使之变为只能以近红外线波段才可以看见。能够探测红外线的NICMOS因此能够看到比ACS看到的更为遥远的星系。

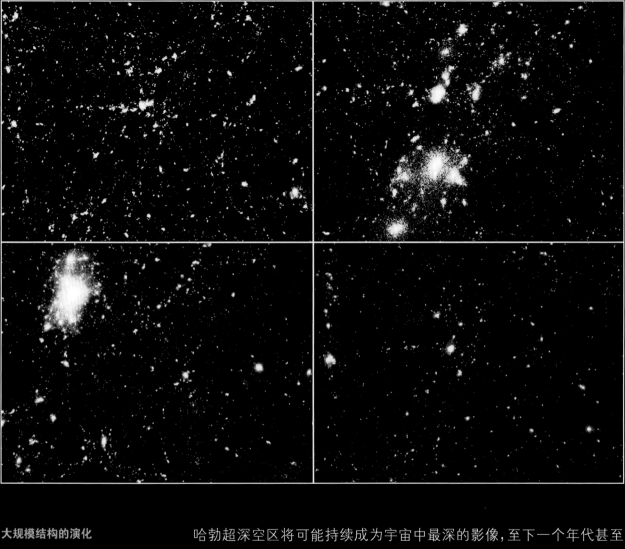

大规模结构的演化

　　这四格图片显示了电脑模拟下物质在大规模结构中演化的过程，所有明亮和黑暗的物质在宇宙中都受引力的影响。

　　哈勃超深空区将可能持续成为宇宙中最深的影像，至下一个年代甚至更久。

　　哈勃伟大的传奇故事，拓宽了我们的眼界，让我们欣赏和体会到大自然的奥妙和美丽，不仅宇宙深处让人叹为观止，我们四周的大自然也是如此动人。

　　更何况，哈勃的故事还没有完结……

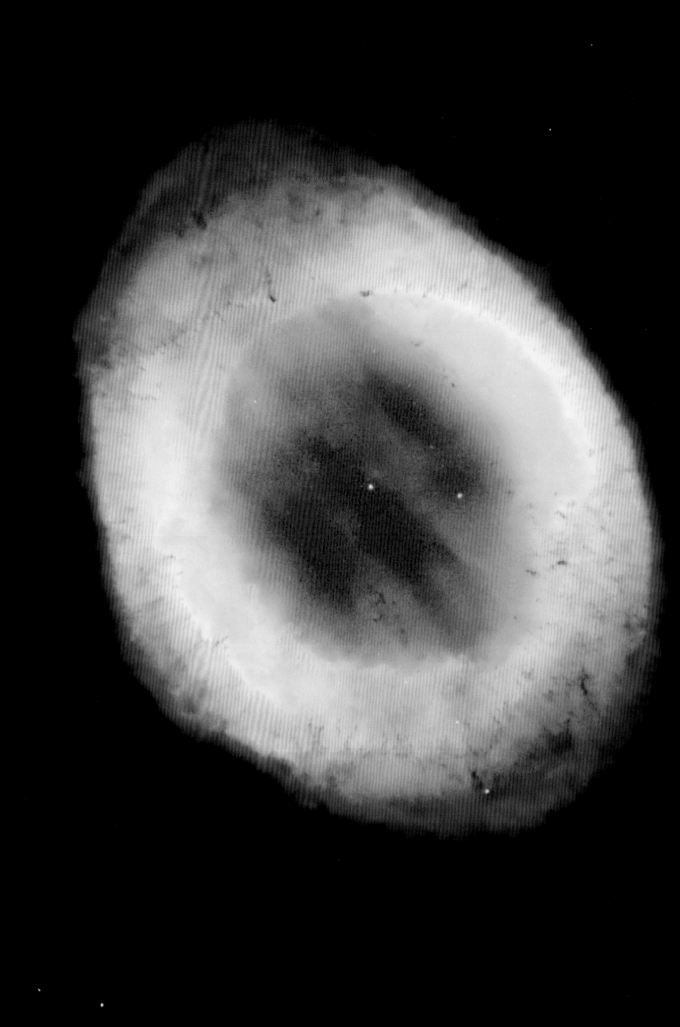

第十章 哈勃画廊

戒指星云

这是最著名的行星状星云M57戒指星云（Ring Nebula）有史以来最清晰的影像。望远镜看到这颗死亡中的恒星数千年前向外抛射的一大桶气体，照片也展示了在星云气体边缘所收藏的长条型暗黑块状物质，而死亡中的恒星本身则悬浮在一团朦胧的蓝色炙热气体的中央。这星云的直径约为1光年，距离地球2 000光年，位于天琴座的位置。

　　自从哈勃在17年前发射升空，它一直为大众提供震撼且夺目的照片，如珠光宝气的星团、色彩缤纷的产星区与猛烈撞击的星系等，但是哈勃本身所获取的只是灰阶的数据，必须经过人为的处理及合成，把一个滤镜的影像再加上另一个滤镜的影像，才能制成富有色彩并清晰细致的图片。这工序需要借助软件才能完成，如Photoshop和ESA/ESO/NASA Photoshop FITS格式解读器。在以下的篇章，会再为各位展示一些已经成为天文标志的照片。

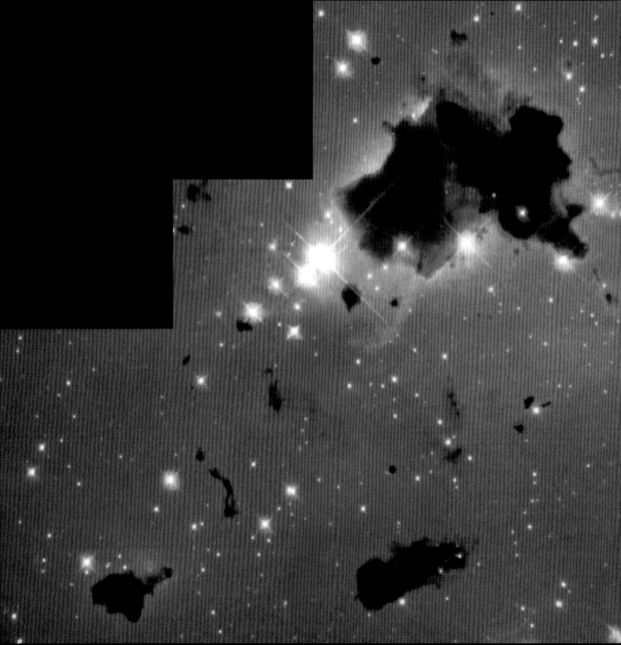

M33 中的产星区

　　NGC 604 是一个邻近的巨型产星区，它为天文学家提供了一个绝佳的观测例子。这些区域是缩小版的遥远 "星暴"（starburst）星系，它们当中的恒星以极高速诞生。在早期宇宙中，星暴现象应当十分普遍，当时的产星率比现在要高得多。在宇宙中最早出现的比氢和氦重的化学元素就是由星暴星系中的超新星爆发所制造出来的。

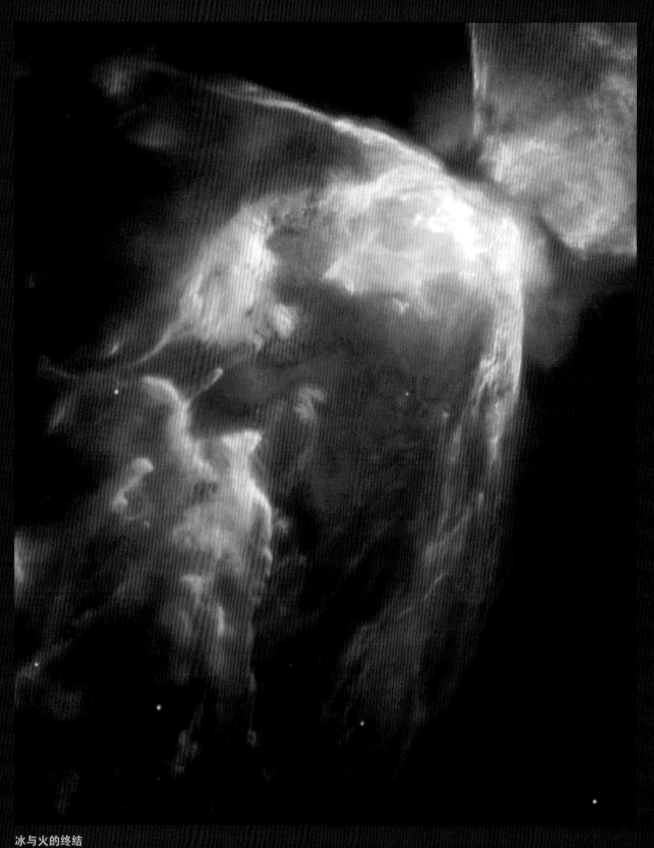

冰与火的终结

　　NGC 6302虫状星云（Bug Nebula）是已知最亮和最极端的行星状星云之一。在它的中心，有一颗非常炎热，但被冰雹所覆盖和淹没，正在死亡的恒星。在这张哈勃的照片中，揭示了这只"星空蝴蝶"双翼的鲜明细致结构。

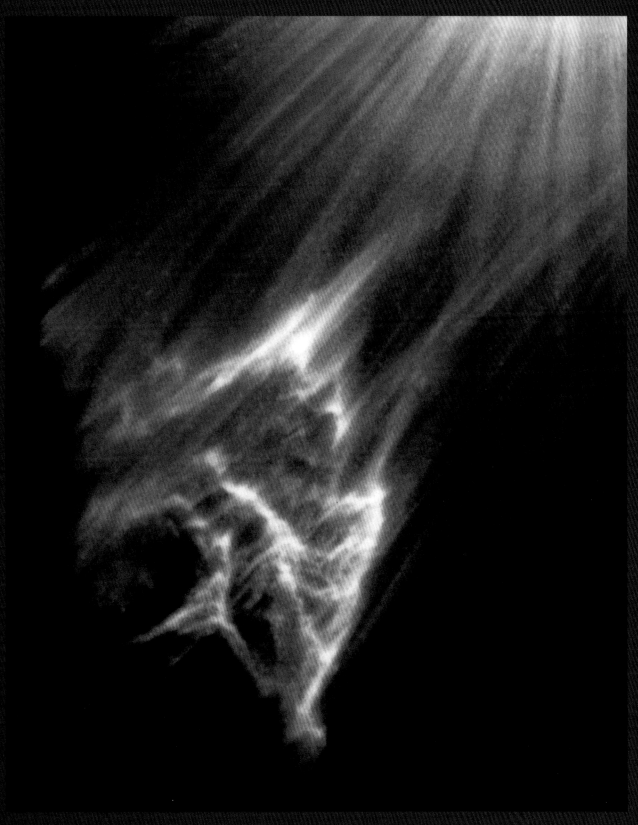

昂星团中的诡秘倒影

　　哈勃捕捉到怪异、纤丝卷须状的黑暗星际云被M45昂星团（又称七姊妹星团，Pleiades）中一颗最光亮的恒星经过时所摧毁的景象。就像去看照射到山洞内的光线反射一样，透过间接的观测，由冰冷气体组成的黑暗云表面的尘埃把恒星的星光反射出来，令我们看见星云的存在，这类星云被称为反射星云（reflection nebulae）。

两个旋涡星系的相逢

　　在大犬座的方向，两个旋涡星系就像在星海中行驶的巨轮擦身而过，这次几乎相撞的事件被哈勃的
WFPC2 照相机捕捉下来。

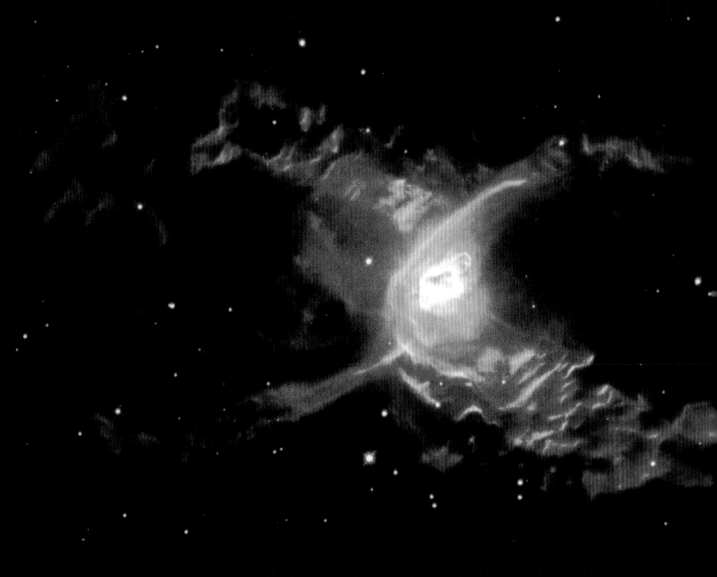

人马座的红蜘蛛星云

　　哈勃的观测揭示了在红蜘蛛星云（Red Spider Nebula）中塑造的巨大波浪，这温暖多风的行星状星云，寄居了宇宙中最炙热的恒星之一，它释出的强烈恒星风产生出1兆千米高的巨浪。

自然色彩下的土星

    哈勃曾为土星提供了很多不同颜色的写照：由黑白的到橙的，再到红绿蓝的都曾出现过，但在这张图片中，图像处理的专家则提供了一张非常准确的土星影像，突出了土星活泼、柔和的色彩。在这颗太阳系的第二大行星上，那颜色上的微妙差异——黄色、褐色与灰色，分别区分了土星上不同的云带。

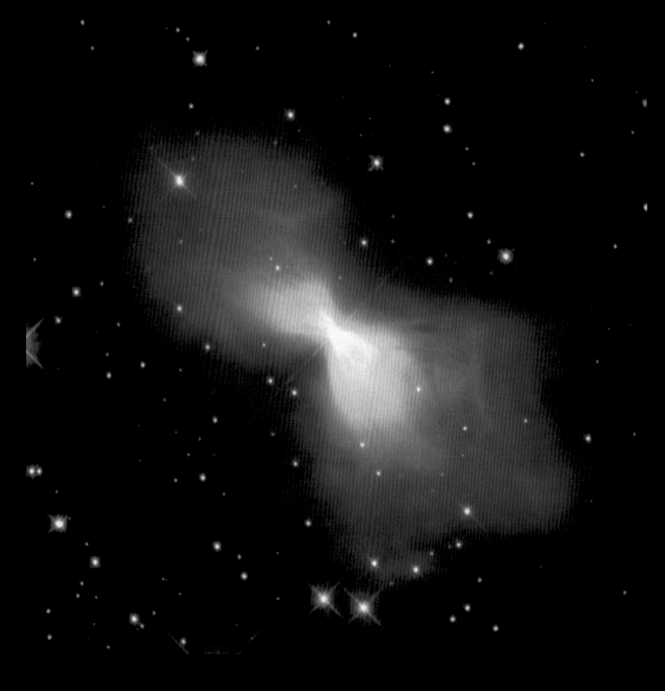

回力棒星云

　　回力棒星云（Boomerang Nebula）是一颗年轻的行星状星云，也是宇宙中至今所发现最寒冷的天体。这张照片再次证明了哈勃敏锐的眼睛能够清楚看到天体上的细致结构。这星云是宇宙里最奇怪的地方之一，在1995年，天文学家使用在智利的15米口径"瑞典—欧洲南方天文台亚毫米波望远镜"（Swedish-ESO Submillimetre Telescope, SEST），披露了回力棒星云是宇宙中暂时已知最冷的地方。它的温度仅比宇宙的最低温——绝对零度（absolute zero）高出一度，只有-272℃；就连宇宙在大爆炸诞生后的-270℃余温，也比这星云的温度高，它是已知唯一温度比宇宙背景辐射还要低的天体。这张照片摄于1998年，显示了星云两块平滑的"煲呔"（蝶形领结）形翼瓣中，弥漫的气体里埋有暗淡的弧与诡秘的细丝。这星云的弥漫"煲呔"形状令它看起来跟其他行星状星云样子很不同，一般的行星状星云翼瓣较像气泡，但因为回力棒星云尚年轻，可能未有足够时间发展出这些结构。至于为何不同的行星状星云有着那么多的形态，仍是一个谜团。

远古恒星族群

　　现在所见的恒星族群M80（NGC 6093）是银河系内已知的150个球状星团（globular cluster）中密度最大的一个。M80距离地球28 000光年，包含超过10万颗恒星，它是通过所有恒星之间的引力互相吸引得以维系在一起。在球状星团中同一族群的恒星，有着统一的年龄但不同的质量，这对于研究恒星演化尤其有帮助。在这张照片中看到的每一颗恒星，大部分均演化至比我们的太阳更为晚期的阶段，另外有一些少数例子中的恒星质量比我们的太阳大，而图中一些明亮显眼的红巨星，它们的质量虽然跟太阳差不多，但是生命却将走到尽头。

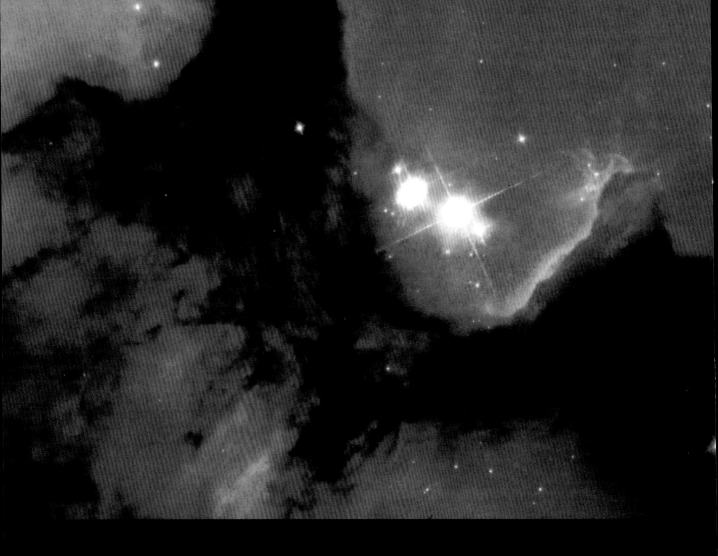

三叶星云的核心

大麦哲伦云中的恒星产生

螺旋星云（Helix Nebula）是最接近地球的行星状星云之一，这幅影像显示了一个鲜艳的红蓝气圈中嵌进的网络、纤维般 "单车轮辐条" 结构。这些触须是恒星死亡后释出的炙热 "恒星风" 气体，钻进较早前抛射的较冷的尘埃气壳所形成的。

螺旋星云

螺旋星云（Helix Nebula）是最接近地球的行星状星云之一，这幅影像显示了一个鲜艳的红蓝气圈中嵌进的网络、纤维般 "单车轮辐条" 结构。这些触须是恒星死亡后释出的炙热 "恒星风" 气体，钻进较早前抛射的较冷的尘埃气壳所形成的。

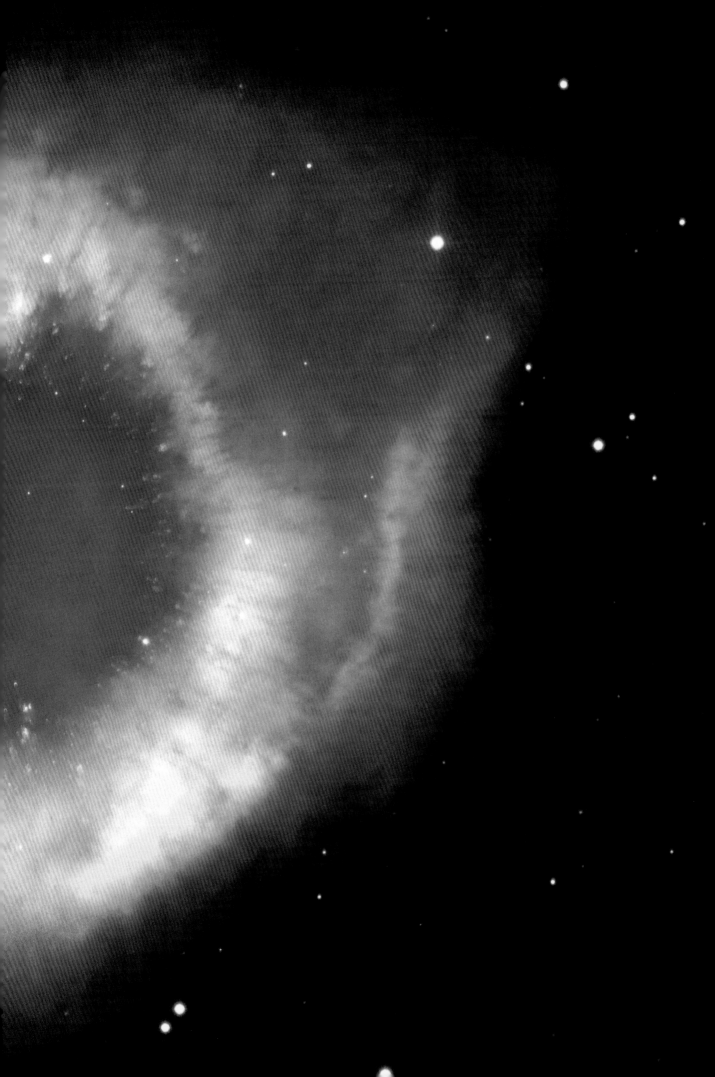

蜘蛛星云中的多代恒星

在照片的右下方是Hodge 301星团,位于我们星系的近邻大麦哲伦云内。在Hodge 301中很多恒星都很年老,不少已经化成超新星发生了爆炸,这些恒星的爆发把物质抛射向四周的区域。高速的抛射物正钻进附近的蜘蛛星云(Tarantula Nebula),把气体震荡挤压成许多薄片或细丝,见于照片的左上方。

小麦哲伦云中的产星星团

　　这张哈勃的照片显示了太空中一个最活跃、精细和复杂的产星区，它位于我们银河系的一个伴星系——小麦哲伦云内（Small Magellanic Cloud, SMC），距离我们210 000光年。在产星区的中央是一个耀眼的星团，编号为NGC 346。一道引人注目，呈拱形、锯齿状的纤丝结构的明显的气体边脊环绕着星团。从星团中炙热恒星涌出的洪流般的辐射把四周密度较高的地方吞噬掉，制造了一具梦幻的尘埃和气体雕塑。那些在背景衬托下特别明显的黑暗、精细、成串状的气体边脊，尤其给人以深刻印象。就像强风下的风向袋一样，边脊中不少细小的尘埃云球均指向星团的中央。

哈勃考察月球上的阿利斯塔克高原

哈勃的高级巡天照相机（ACS）在2005年8月21日拍摄了阿利斯塔克陨石坑（Aristarchus Crater）与邻近的施罗特尔谷（Schroter's Valley）沟纹（rille）。哈勃的照片以每像素为50至100米的比例，利用紫外线与可见光揭示了陨石坑中内部与外部的细致详情。阿利斯塔克陨石坑的直径为42千米，约3.2千米深，位处阿利斯塔克高原（Aristarchus Plateau）的东南端。此高原以它大量丰富的地质特征见称，包括了密集的月球火山沟纹（是由月球上的熔岩管道"lava tubes"塌陷而成的河谷地貌）、火山通道与在大型爆发事件中的火山喷发物。阿利斯塔克是月球上最年轻的大型陨石坑之一，它可能是于1亿至9亿年前所形成。

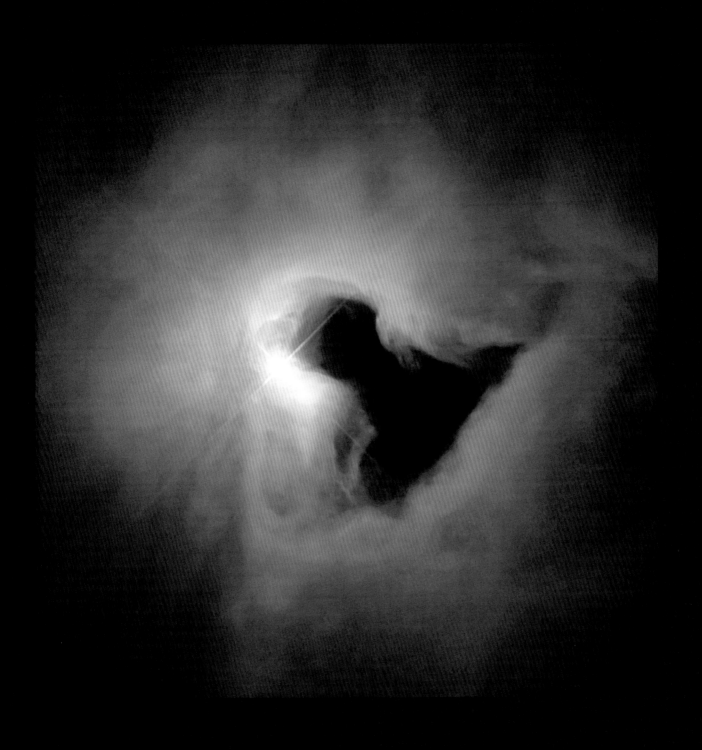

出水芙蓉

　　位于猎户座编号为NGC 1999的星云是一团由冰冷星际气体、分子与尘埃所组成的名为博克云球（Bok globules）的暗云（dark cloud），天文学家相信恒星是从博克云球中诞生的。在暗云的左方是一颗编号为猎户座V380的亮星，呈白色且非常年轻，它的表面温度为摄氏10 000度，几乎是太阳的两倍。现在所见的星云就是孕育该颗年轻恒星的物质，正残存在恒星的四周，NGC 1999通过反射恒星的星光进入我们的视线，因此被称作反射星云（reflection nebula）。

被尘埃包裹着的星系NGC 2787

在这张由哈勃沧海遗珠小组（Hubble Heritage Team）所制作的哈勃照片中，星系NGC 2787被黑暗的尘埃紧抱环绕着光亮的核心。在天文学家哈勃的星系分类法中，NGC 2787是一个被分类为SBo型的有棒透镜状星系（barred lenticular galaxy）。这类具透镜形状的星系展示出极少甚至没有任何常见的巨大旋臂形态。天文学家通过注视星系的中心，能够寻找星系形成过程的一些线索，例如星系碰撞与中央黑洞在形成过程中所担当的角色。

恒星爆炸残骸

位于船帆座的NGC 2736，又称为铅笔星云（Pencil Nebula），是巨大的船帆座超新星残骸（Vela supernova remnant）的一部分。天文学家相信该超新星于11 000年前爆发，亮度可能达金星的250倍，若这些估计正确，爆发时物质以时速3 500万千米的速度四射，随着时间的流逝才减慢下来，以铅笔星云为例，它现在正以时速64万千米的速度移动。铅笔星云是当一片高密度的气体遇上超新星的冲击波时所形成的，气体被加热至上百万度的高温，后来慢慢冷却下来时释放出可见光而让星云发亮，它看上去就像一张连绵起伏的纸一样。

猎户座大星云全景

猎户座大星云（Orion Nebula）是被拍摄得最多的天体之一，这张超过10亿像素的照片是哈勃共用了105次轨道飞行的时间，合成520张由ACS照相机拍摄的照片而成，当中揭示了3 000颗以上不同大小的恒星，其中一部分更是首次在可见光下所见的恒星。这些恒星居住于由气吞山河的尘埃与气体塑造成的高原、山脉、山谷中，就像地球上大峡谷地区一样。猎户座大星云是一本描绘恒星形成的画册，中央最亮的四颗星合称为四合星（Trapezium），它们释放出强烈的紫外线，在星云中开凿出一个洞，扼杀了较小恒星的成长。星云距离地球只有1 500光年，因此是研究恒星诞生的理想实验室。

NGC 4414

　　哈勃的核心计划小组曾利用这伟大壮丽的旋涡星系NGC 4414来计算宇宙膨胀的速度。通过仔细测量星系中变星亮度的变化,核心计划小组的天文学家成功测出NGC 4414距离我们为6 000万光年,再配合其他星系的测距,得出"哈勃常数"的数值,从而推断宇宙的年龄,宇宙中不同天体的距离、大小、亮度等资料。

超新星1987A爆发二十周年

　　天文学家于1987年目睹400年来最亮的超新星爆发,这猛烈爆炸的超新星编号为SN 1987A,自1987年2月23日发现起数月间,它放出了约为太阳1亿倍的光华。通过哈勃及其他主要的地基望远镜与太空望远镜,天文学家监察着SN 1987A的演化,改变了我们对大质量恒星生命终结的理解。哈勃的影像清楚显示了超新星的三重环结构,包括围绕着中央气体的内环和两道外环。超新星爆发的碎片以时速3 200千米的速度涌向四方,20年间扩大至十分之一光年的大小,在中心呈两瓣哑铃状的结构。直径约1光年的内环被相信早在爆发前20 000年就已存在,现在因为被超新星放出的X射线加热而发亮并布满光斑。

透镜状星系NGC 5866

盘星系（disk galaxy）NGC 5866，沿着我们视线的角度在哈勃的眼中呈现近乎完美的侧向形态。哈勃敏锐的视力展现了不同的星系结构，包括一道把星系一分为二的尘带（dust lane）、一颗被红色核球（bulge）包裹着的光亮银核（galactic nucleus）、一盘平行于尘带的蓝色恒星和一团包裹着星系的透明银晕（galactic halo）。多束尘埃细条从星系的圆盘迂回前进至核球和银晕内部，银晕的外部则点缀上大量由上百颗恒星在引力束缚下组成的球状星团，图中的背景星系比NGC 5866遥远上百万至10亿光年。

碎钻

　　图中所见是距离我们
8 200光年，位于天坛座的
球状星图NGC 6397的一
部分，它是离地球最近的球
状星团之一。球状星团是
由数十万至数百万颗恒星
集合的球状体，天文学家
通过观测球状星团中一系
列恒星来了解星团的年龄、
起源与演化过程。球状星
团在宇宙形成早期已形成，
星团中的密度较太阳与周
边恒星的密度高一百万倍。
球状星团中的年老恒星也
有固定运动，情形就像一群
蜂拥而至愤怒的蜜蜂在盘
旋一样。

矮星系NGC 4449 中的星际烟火

　　矮星系（dwarf galaxy）是一些细小的星系，对比我们银河系的千亿颗恒星，矮星系仅由数十亿颗恒星组成。借助哈勃，天文学家能够在距离我们 1 250 万光年的矮星系NGC 4449 中观测到被称为星暴（starburst）的剧烈的恒星诞生景象。星系布满了分散而灿烂的由蓝白色大质量恒星组成的星团，还有为数不少的红色的产星区，此外还衬托上黑色的暗云、气体和尘埃。NGC 4449 上广泛的星暴现象，相信是由跟其他较小的伴星系相互作用或合并而形成。

史蒂芬五重星系

　　位于飞马座的史蒂芬五重星系（Stephan's Quintet）是五个正在相互影响下的星系，也是被称为"致密星系群"（compact group of galaxies）天体的典型例子。哈勃所拍摄的特写，让我们清楚看到五重星系的中央部分，到处可见星系形状古怪、高度变形的特征，还有铺在星系间横跨星系的尘带，和从星系往外的恒星和气体流束，这些证据，全都在诉说着星系过去猛烈的碰撞历史。

NGC 3603 中的众生相

　　哈勃对NGC 3603所拍的单一照片中，巧合地捕捉到恒星生命历程中从出生到死亡，处于不同演化阶段的天体。右上方的暗云称为博克云球，是恒星形成的最早期形态；在博克云球下方有两条巨大的俗称为"创造之柱"（pillars of creation）的气体巨柱，是冰冷的分子云被强烈的辐射雕琢而成；在图的左下方，呈眼泪形状的是星云的气体和尘埃蒸发后余下的原行星盘（proplyds）；中央是由年轻炙热的蓝色的沃尔夫-拉叶星（Wolf-Rayet stars）组成的星暴星团（starburst cluster），这些大质量恒星放出的辐射与高速恒星风汹涌澎湃地在星团附近的星云中挖出一个洞。在星团的左方是一颗晚期演化的蓝超巨星（blue supergiant），它独有的灰蓝色星周环（cirumstellar ring）由发亮气体组成，它的双极外向流（bipolar outflow）标志着这颗恒星生命快要终结。

小麦哲伦云中的N90

　　N90是一个位于小麦哲伦云的产星区，它中央的星团编号为NGC 602，图中所见星云正被星团所发出的辐射不断蚕食。小麦哲伦云是我们银河系的伴星系之一，距离我们约20万光年，它是一个由较少恒星组成的矮星系。天文学家现在普遍认为矮星系是通过合并组成大星系的原始材料，因此它当中度量重元素比重的金属丰度（metallic abundance）也较低，加上小麦哲伦云的近距离和哈勃灵敏的视力，N90将成为天文学家研究恒星在低重元素环境形成的绝佳实验室。

小红斑的诞生

　　木星的大气波涛汹涌，除了著名的风暴大红斑（Great Red Spot, GRS）外，天文学家历史性首次发现及观测到新红斑的形成与诞生。原来位于木星南温带（South Temperate Belt, STB）的三颗白椭斑在1998至2000年间相继合并三合为一，成为单一的白椭斑BA（Oval BA）。从2005年底开始，业余天文爱好者发现白椭斑BA的颜色开始转红，至2006年3月完全转化成跟大红斑的颜色一样，天文学家昵称它为"小红斑"（Red Spot Jr./Little Red Spot）。小红斑跟大红斑一样，是高耸于主要云盖之上的高气压反气旋（anticyclone），与地球上以低气压为中心的风暴相反，现在其面积达一个地球般大。图片是哈勃在2006年4月16日使用ACS照相机在近红外线和可见光波段下拍摄的合成假色照，照片中的红色勾画出从高空包裹着木星的赤道区（Equatorial Zone, EZ）、大红斑、小红斑和两极的"斗笠"。

火星上的台风

　　天文学家使用哈勃在火星上捕捉到罕见的巨大气旋（cyclone），它跟地球上的台风一样，同样由水冰云（water ice cloud）所组成，跟火星上常见的沙尘暴（dust storm）不同，它比火星的北极冰冠（polar ice cap）还要大。根据推断，这类气旋出现在火星北半球的盛夏时节，在北极冠上的季节性二氧化碳干冰全部升华（sublimate）后出现，并且只在高纬度的极区附近出现，来去匆匆，生命周期只有数天。这类气旋可能是衍生自火星上不稳的锋面系统（frontal system），再通过强烈的温差效应帮助而形成。

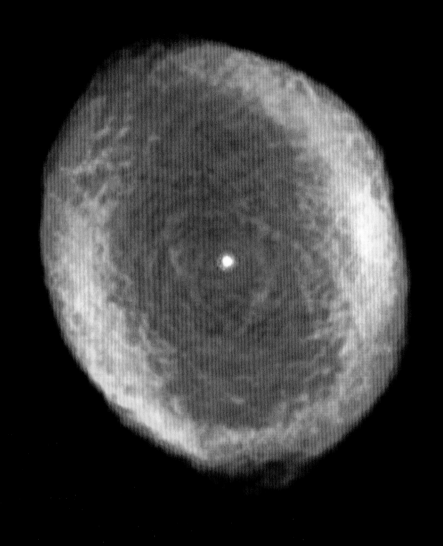

螺线图星云（Spirograph Nebula）

    位于离地球2 000光年的天兔座方向，行星状星云IC 418像宝石拥有多个切面一般闪烁着光芒。这张哈勃的照片，是根据第二代广角行星照相机（WFPC2）在1999年2及9月期间，使用不同滤镜以分隔不同化学元素所进行的曝光观测资料合成，并以假色表示。在星云中所见的独特纹理首次在望远镜中呈现，它们的来源仍不能确定。

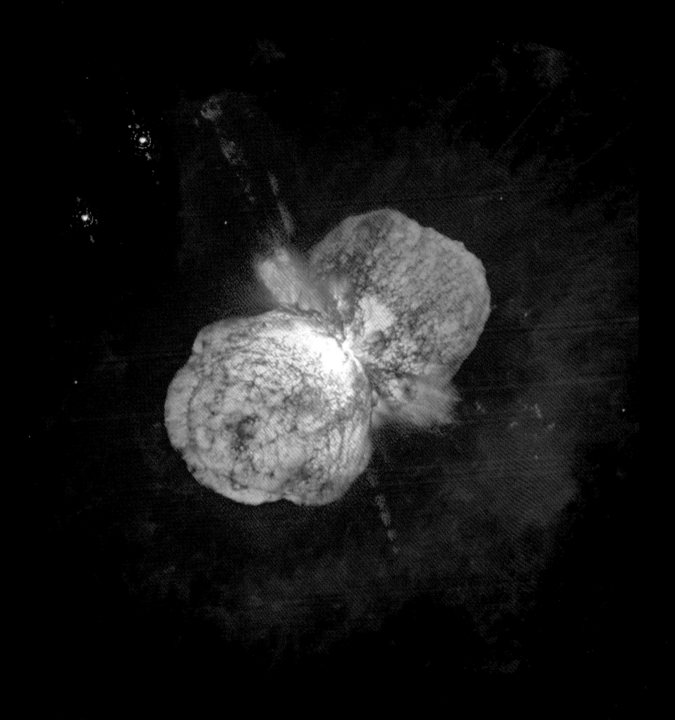

一触即发的海山二

　　位于船底座的恒星海山二（Eta Carinae），是一颗神秘、光亮、不稳定，而且随时可能大爆发的恒星，加上它距离我们只有 7 500 光年，在天文的角度来看，就像门前有一个即将爆发的计时炸弹。在 1843 年，天文学家曾目击海山二发生等同超新星一般庞大的爆发。一般的恒星在这种规模的爆发下必会被炸得粉碎，但海山二竟然没有被撕裂而幸存下来，并形成现在所见的双极瓣（bipolar lobe）和赤道盘（equatorial disk）。海山二的质量估计为太阳的 100 倍以上，非常接近恒星平衡的理论极限，些微的扰动都可能触发它的爆发，这类大质量且近距离的恒星绝无仅有，海山二是天文学家研究大质量恒星晚期演化的理想实验室。

被蹂躏的彗星星系

现在宇宙中的星系约一半为富含气体的旋涡星系（gas-rich spirals），另一半是气体贫瘠的椭圆星系（gas-poor ellipticals）。观测资料显示气体贫瘠星系主要处于星系团的中央，反之，旋涡星系则在荒凉之地度过一生。但根据零碎的宇宙深空观测，气体贫瘠星系在早期宇宙中只有现在数量的五分之一，这数量的差异代表着富有气体星系与气体贫瘠星系之间存在着未知的改造机制。借助哈勃对星系团Abell 2667的观测，天文学家首次提示了富有气体星系转化为气体贫瘠星系的过程。星系团中一个外貌奇特的旋涡星

系（图的左上方）以时速350万千米的速度在星系团中狂奔，其间在潮汐力及星系团高达1亿度炙热气体的"冲压剥离"（ram-pressure stripping）作用下，拖扯出无数的蓝色亮结，出现与太阳系中彗星相似的"彗星星系"（comet galaxy）。相信在8亿年后，该旋涡星系会化为气体贫瘠的椭圆星系，并在星系团中散落无数无家可归的恒星孤儿。此外，在星系团中央更清晰可见因引力透镜效应形成严重扭曲香蕉状的巨大引力弧（图的右方）。星系团中央还有锦上添花的罕见的"冷却流"（cooling flow），炙热的星系团气体以纤维状向星系团核心沉淀冷却，在过程中衍生出上百万颗明艳动人的蓝星。

哑铃星云中的彗形结

这距离我们1 200光年的M27哑铃星云（Dumbbell Nebula），是一颗离我们很近的行星状星云。哈勃的高分辨率非常清楚地显示了星云中的热与冷交界的彗形结（cometary knots），因为它们的外貌像彗星，所以有这称呼，它们实际上比彗星大，指向星云中央的死亡恒星（图片左上方以外之处），通过哈勃的观测让我们相信，彗形结的出现是所有行星状星云所固有的现象。

仙女座大星系银晕。

　这是位于仙女座大星系M31外围较空旷的银晕（galactic halo）。天文学家除了在银晕中分辨到30万颗新恒星外，同时也发现了上千颗背景星系，它们距离我们有十亿光年，但相对于哈勃超深空区来说，那距离仍是较近和较为近代的，因此星系的外形看起来也比深空区的优雅。

拉尔斯·林伯格·克里斯滕森
（Lars Lindberg Christensen）

拉尔斯是科学传播领域的专家，哥本哈根大学物理和天文学硕士，现担任位于德国慕尼黑的哈勃欧洲航天局信息中心主管，负责美国国家航空航天局/欧洲航天局哈勃太空望远镜在欧洲的公众教育和宣传。他在上任之前曾担任哥本哈根第谷·布拉赫天文馆的技术专家，并积累了长达10年的科学传播工作经验。

拉尔斯至今已发表了100多篇文章，其中大多都是深受大众喜爱的科学传播与理论。他的其他兴趣点涵盖了传播学的几个主要方面，包括图像传播、科普写作和技术与科学理论传播。他还著有许多图书，包括著名的《科技传播者实用指南》（ *The Hands-On Guide for Science Communicators* ）以及《哈勃望远镜——15年的探索之旅》（ *Hubble – 15 Years of Discovery* ）。其著作已经被翻译成芬兰语、葡萄牙语、丹麦语、德语和中文。

他还为各种不同的媒体受众制作了从球幕电影、激光电影和幻灯片，到网络、纸质媒体、电视和广播的各类宣传资料。其传播的精髓主要是设计思想和创新策略相结合，力争做到高效科学传播和贡献更多教育资源……具体内容包括与技艺精湛的技师和绘图专家互相合作。

拉尔斯是国际天文学联合会（IAU）的新闻官员，国际天文学联合会公众传播天文委员会（IAU Commission 55）的创办成员兼秘书官。他还是欧洲航天局/欧洲南方天文台/美国国家航空航天局的Photoshop FITS Liberator项目经理，《在公众间传播天文》（ Communicating Astronomy with the Public ）杂志的执行主编，哈勃视频播客（Hubblecast）的导演，国际天文年秘书处经理，科普纪录片《哈勃望远镜——15年的探索之旅》的导演和监制。2005年，拉尔斯因其在科学传播领域取得的巨大成就，成为史上最年轻的第谷·布拉赫奖章获得者。

鲍博 · 福斯博里
（Bob Fosbury）

鲍博任职于欧洲航天局，为欧洲航天局及美国国家航空航天局的哈勃合作计划中的一员。这项计划的欧洲核心，定址于德国慕尼黑附近的欧洲南方天文台。鲍博自1985年起参与这项工作，也就是自哈勃太空望远镜发射前5年至今，一直长时间参与这庞大的计划。在这段时间的后期，他为下一代的太空望远镜——"韦伯太空望远镜"的仪器提供概念研究，在美国国家航空航天局的特设科学工作小组及欧洲航天局的研究科学队伍中服务。

鲍博发表了200余篇的科学论文，内容涵盖由恒星大气、类星体及活跃星系的本质以至宇宙边际的星系形成问题。1969年开始在英国赫斯特蒙索（Herstmonceux）的皇家格林威治天文台（Royal Greenwich Observatory, RGO）工作，1973年于邻近的苏塞克斯大学获得哲学博士。随即成为澳大利亚新南威尔士英澳天文台（Anglo Australian Observatory）新建的4米望远镜的首批研究院士之一，然后转到当时定址于瑞士日内瓦欧洲核子研究组织（CERN）的欧洲南方天文台。他随后花了7年时间在RGO工作，为在加纳利群岛拉帕尔马（La Palma）新建的天文台设置仪器，并构设先进的Starlink天文电脑网络。

欧洲南方天文台天文研究所是欧洲（和智利）拥有最多专业天文学家的组织，紧密联系欧洲南方天文台及欧洲航天局的科学任务，鲍博是该所的首任主席。他对众多的自然现象有着毕生兴趣，尤其是在大气光学及大自然颜色的来源方面。

张师良
（Cheung, Sze-leung）

张师良是香港的天文传播工作者，从小醉心于天文，初中时期便开始组织天文活动。他毕业于香港大学物理系，现任职于香港可观自然教育中心暨天文馆，统筹天文方面的工作。张师良一直致力于推动天文的普及、教育以及传播，除了关心星空保育外，他也积极通过多元化的讲座及不同类型的活动及传播方法提高大众对天文最新发展的认知。张师良的兴趣包括所有天文、太空探索及理论物理的范畴，如行星科学、星系演化、宇宙学、弦理论、行星探索任务设计、载人火星探索等。

图书在版编目（CIP）数据

哈勃望远镜探索之旅/（丹）拉尔斯·林伯格·克里斯滕森,（英）鲍博·福斯博里著；张师良译．一上海：上海科学技术文献出版社，2020（2022.8重印）
（仰望星空丛书）
ISBN 978-7-5439-8148-5

Ⅰ．①哈… Ⅱ．①拉…②鲍…③张… Ⅲ．①哈勃望远镜—普及读物 Ⅳ．①P111.21-49

中国版本图书馆 CIP 数据核字（2020）第 114739 号

策划编辑：张　树
责任编辑：苏密娅
封面设计：李　楠

哈勃望远镜探索之旅
HABO WANGYUANJING TANSUO ZHILÜ
[丹]拉尔斯·林伯格·克里斯滕森　[英]鲍博·福斯博里　著　张师良　译
出版发行　上海科学技术文献出版社
地　　址　上海市长乐路 746 号
邮政编码　200040
经　　销　全国新华书店
印　　刷　上海华教印务有限公司
开　　本　889×1194　1/16
印　　张　10.75
版　　次　2020 年 8 月第 1 版　2022 年 8 月第 2 次印刷
书　　号　ISBN 978-7-5439-8148-5
定　　价　128.00 元
http://www.sstlp.com

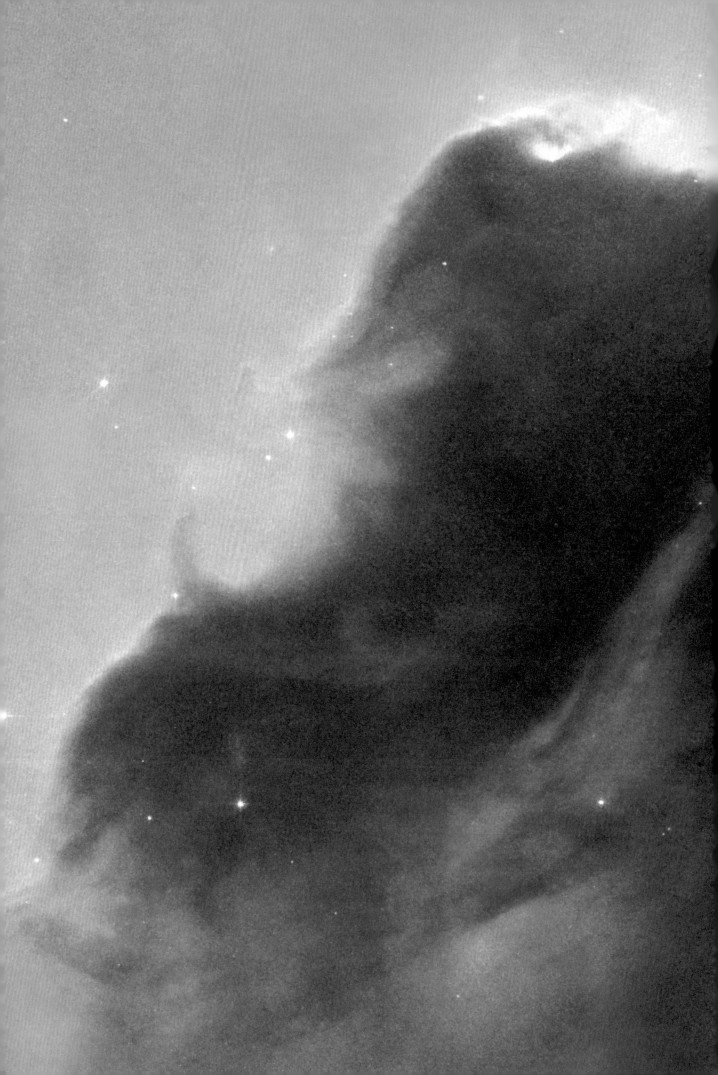